대한민국 군인이라면 반드시 알아야 할

군사 기본사격술

김정기, 유대원 공저

도서출판 진영사

대한민국 군인이라면 반드시 알아야 할

군사 기본사격술

김정기, 유대원 공저

2025년 8월 25일 초판 인쇄
2025년 8월 31일 초판 발행

발행인: 박진영
발행처: 도서출판 진영사
인천광역시 부평구 주부토로 236 인천테크노밸리 U1 지식산업센터 B-동 1507호
전화: 032)505-4207
팩스: 032)505-4206
E-mail: 0183734207@hanmail.net
신고번호: 제2007-000001호(2007.01.19.)

ISBN 978-89-6541-718-7 93390
값 15,000

책을 내면서

대한민국 군인이라면 반드시 알아야 할 군사 기본사격술은 국방과 군사 분야를 대학에서 공부하면서 장차 부사관, 준사관 및 장교 등 군 간부가 되려는 지망생들을 위한 군사 사격술에 관한 기본안내서이다. 군인이 민간인과 다른 점은 직접 무기를 지닌다는 점이다. 전시에 이런 무기를 사용하여 도발하는 적을 살상함으로써 나와 가족, 국민을 지키게 된다.

적을 정확하고 신속하게 제압하지 못한다면 바로 나와 동료의 죽음으로 이어지는 전장의 냉혹함 때문에 부단한 사격술 연마가 요구되는 것이다. 더구나 군간부들은 국방의 의무를 다하기 위해 입대한 장병들을 적과 싸우면 이기는 전투원으로 단련시키는 교육훈련 과업을 수행해야 한다는 점에서 사격술에 관한 더 전문적인 지식과 능력이 요구되며, 그 책무가 매우 중요하다.

대한민국 국군 전 장병들은 소총을 수여 받아 사용하게 된다. 따라서 이 책은 군사 기본사격술의 입문을 위해 국군의 기본 개인화기인 K2 및 K2C1 소총 사격술을 기본으로 하고 K5 권총 사격도 포함하여 저술하였다.

- 제1장에서는 대한민국 국군의 소총 변천 과정과 제원 및 특성, 조작과 관리에 대해서 살펴보았다.
- 제2장은 사격술 이론으로 탄도곡선과 사격 심리를 중심으로 소개하였다.
- 제3장은 핵심적 내용으로 표적을 명중시키는 사격술의 기초인 자세, 조준, 호흡, 격발의 기본기를 세부적으로 기술하였다.
- 제4장은 사격술의 실제로 영점사격, 주간사격, 야간사격에 대해서 다루었다.
- 제5장은 전투사격술로서 공격과 방어시 적용하는 전투사격술을 엄선하여 다루었다.

• 제6장은 영관급장교 이상, 주임원사 및 병과별로 필요한 경우에는 권총을 개인화기로 지급받아 사용한다는 점을 고려하여 권총 사격의 기본적인 사항을 정리하였다.

내용에 따라 꼭 필요한 표, 그림, 사진 등을 공공 간행물, 온라인 오픈 공유소스 등에서 찾아 출처(각주)와 함께 제시하였고 특히, 영상은 QR코드를 첨부하여 독자들이 바로 스마트폰으로 직접 접근해서 시청할 수 있도록 하였다.

최근 인공지능과 무인기, 로봇, 드론 등의 첨단 과학기술이 전쟁의 양상을 급속히 변화시키고 있는 것이 사실이다. 앞으로도 더욱 발달할 것으로 보인다. 그러나 여전히 개인화기 사격을 중심으로 한 근접전투를 통해 결정적 목표를 탈취, 확보해야 전투가 종결된다는 점은 변함이 없다.

이를 위해 다양한 거리에서 운용되는 저격수는 매우 위협적이고 효율적인 수단이 되며, 개인이 직접 휴대한 무기가 결정적 전투의 공격과 방어의 승패를 가르게 된다. 즉, 향후에도 개인화기 사격술이 **견적필살(見敵必殺)**로 승전에 이르게 되는 필수 군사기술이라는 것을 부인할 수 없는 것이다.

이 책이 카멜레온 같이 변화무쌍한 미래전장에서 우리 군의 간부들에게 중심적인 전투 혜안을 가져오는 기본서가 되길 기원한다. 아울러 신성한 국방의 의무를 위해 입대를 앞둔 대한의 건아들에게도 일독을 권하며 보람찬 군 복무에 도움이 되길 바란다.

끝으로 본서의 출간을 위해 아낌없는 도움을 주신 진영사 사장님과 출판사 임직원분들께 진심으로 감사를 보낸다.

2025년 8월, 연성대학교 도의관에서 저자

목 차

제1장

소총 제원, 특성, 조작 및 관리

제2장

사격술 이론: 원리와 심리

제3장

사격술 실제: 자세, 조준, 호흡, 격발

제4장

사격술 실제: 영점, 주간, 야간사격

제5장

전투사격술: 공격 · 방어 전투사격

제6장

K5 권총 사격

표 목차

그림 목차

사진 목차

영상 목차

제1장 소총 제원, 특성, 조작 및 관리

제1장

소총 제원, 특성, 조작 및 관리

제1절 대한민국 소총의 변천, 제원 및 특성

대한민국은 임시정부의 법통을 계승하여 독립투쟁을 전개하다가 1945년 8월 15일 일제로부터 해방되어 1948년 정부가 수립되는 과정에서 국군의 창설이 병행되었다. 해방 이후 미군의 M1 소총을 사용하기 시작하였으며, 6·25전쟁을 전후하여 카빈 소총이 늘어났다. 베트남전쟁을 통해 M16 소총이 사용되기 시작하였고 이후 자주국방을 기치로 K2소총이 개발되었다. 그리고 지금은 그 변형인 K2C1이 편제 개인화기로 사용되고 있다.

1. M1 및 카빈 소총

해방 직후 국군이 창설되기 이전의 조선경비대 시기에는 일제가 남기고 간 38식 및 99식 소총[1)]을 기본화기로 사용하였다. 1948년부터 국군의 조직이 본격화되었고, 1949년 미군이 철수하면서 넘긴 M1 소총으로 점차 대체되었다. 6·25전쟁 직전인 1950년 6월 1일 기준으로 국군이 보유한 M1 소총은 총 40,378정이었다. M1을 보급받지 못한 나머지 약 20% 정도의 부대는 여전히 38식 또는 99식 소총을 사용하였다. 6·25전쟁을 거치면서 M1 소총은 한국군의 기본화기

1) 한용원, 『창군』 (서울: 박영사, 1984), p. 108. 참고로 38식은 일본의 메이지(明治) 38년인 1905년에 제작된 38식 보병총을 의미하며, 99식은 일본의 황기(皇記) 2599년인 1939년에 개발하여 붙여진 이름이다.

로 정착되었고, 1953년 7월 27일 정전협정 체결 당시 육군 기준으로 266,633정으로 증가하였다.

〈표 1〉 M1 소총의 제원[2)]

구 분	제 원	구 분	제 원
구경	30(0.30인치: 7.62mm)	중량	4.31kg
길이	110.7cm	사격속도	분당 40발
사거리	549m	조작인원	1명

〈사진 1〉 M1 소총 및 M1 카빈 소총[3)]

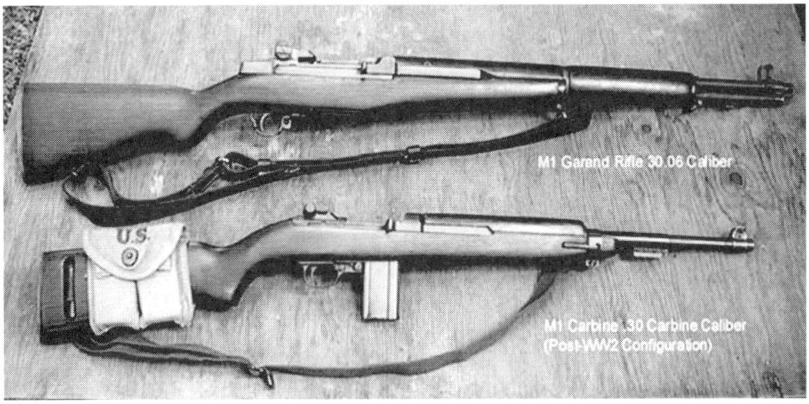

2) Depart of the Army, Depart of the Army Pamphlet 30-115, *Weapons & Equipment Recognition Handbook, Middle East*(Washington D.C.: Headquarters, Department of the Army, July 1958), p. 45를 박동찬, 『6·25전쟁 주요무기 I』 (국방부 군사편찬연구소, 2021), p. 27에서 재인용.

3) https://en.wikipedia.org/wiki/Carbine(검색일: 2025.6.30.)

〈영상 1〉 영화는 알려주지 않는 M1소총의 비밀4)

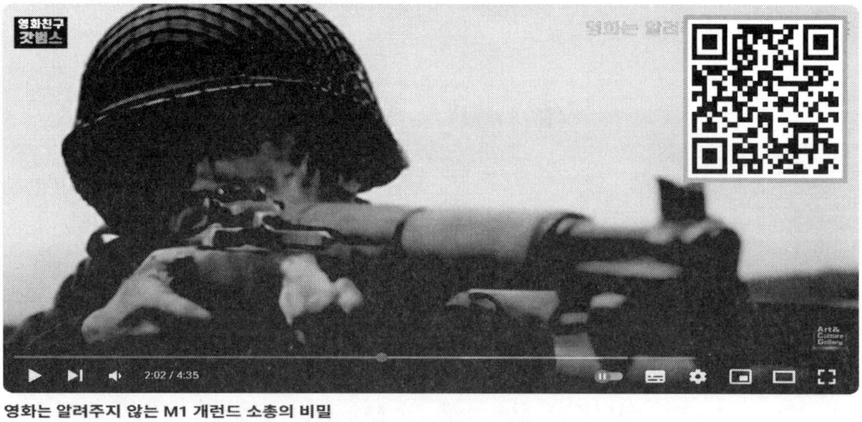

6·25전쟁 직전 한국군의 보유량이 19,402정에 불과했던 카빈(Carbine) 소총도 전쟁 기간 대거 한국군에 보급되었다. 카빈 소총은 1938년 처음 만들어진 M1 소총에 비하여 가벼운 공수부대에 적합한 경량 소총으로 1941년 8월 대량 생산하였다. 사용하는 탄의 길이도 M1에 비해 30mm가 더 짧은 33mm였다. 이러한 M1 카빈 소총은 1944년 자동사격이 가능한 개량형 M2 카빈이 개발되었고 다시 M2 카빈에 조준경을 단 것이 M3 카빈 소총이었다. 6·25전쟁 발발 당시 19,402정이었던 M1과 M2 카빈 소총은 1953년 7월 27일 정전협정 체결 당시 육군이 159,393정을 보유할 정도로 확충되었다.

〈표 2〉 M2 카빈 소총의 제원5)

구 분	제 원	구 분	제 원
구경	30(0.30인치: 7.62mm)	중량	2.36kg
길이	90.4cm	사격속도	분당 750~775발
사거리	274m	조작인원	1명

4) https://www.youtube.com/watch?v=fj_LFoVJ06Q&t=61s(검색일: 2025.7.21.)

5) Bruce N. Canfield, *U.S. Infantry Weapons of World War II*(Lincoln, RI: Andrew Mowbray Incorporated, 1998), pp. 284-285; War Department, *FM 23-7 U.S. Carbine, Caliber. 30, M1*(Washington: United States Government Printing Office, 1942)를 박동찬, 『6·25전쟁 주요무기 I』(국방부 군사편찬연구소, 2021), p. 31에서 재인용.

〈영상 2〉 M2 카빈 1호 시제품[6]

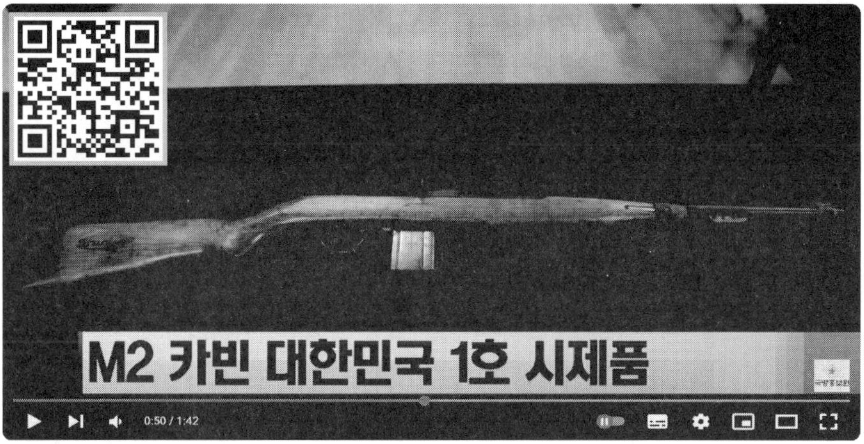

2. M16 소총

M16 소총은 1964년 미 공군에서 아말라이트사가 1958년 개발한 AR-15를 처음으로 개명하여 M16이란 제식 명칭으로 채용하여 사용하였다. 베트남 전쟁 중에는 미 육군에서 노리쇠 전진기를 추가하고 약간의 개량을 가하여 XM16E1, M16A1으로 채용하였다. 그렇지만 베트남 전쟁 초기 미 육군은 여전히 M14 소총을 주력으로 사용하였다. 그러나 7.62mm 구경에 길이 51mm 탄을 사용하는 M14 소총은 긴 길이와 강한 반동으로 인해 베트남의 정글전에 적합하지 않았다. 반면에 상대적으로 위력은 약하지만 5.56mm 구경탄을 사용하는 M16 소총은 짧은 길이와 적은 반동으로 정글전에 적합하여 1966년 이후부터 M14 소총을 대체하게 되었다. 결국 베트남 전쟁을 계기로 미 육군도 M14 소총 대신 M16 소총을 기본 제식 화기로 채택하였다.[7]

6) https://www.youtube.com/watch?v=cUPEfqbVzLY(검색일: 2025.7.21)
7) 남기봉 · 김용현 · 김성우, 『알기쉬운 무기체계』 (인천: 진영사, 2017), p. 31.

〈사진 2〉 M16A1 소총[8)]

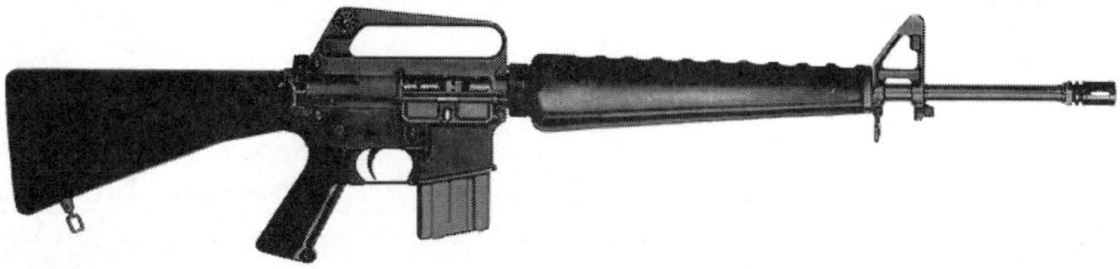

창군에서부터 6·25전쟁 시기까지 한국군의 기본화기로 정착된 M1 소총과 카빈 소총은 6·25전쟁이 휴전된 이후에도 오랜 기간 그대로 사용되었다. 변화를 가져온 계기가 된 것은 1960년대 한국군이 베트남 전쟁에 참전한 이후부터이다. 베트남전에 처음으로 참전할 당시에는 참전부대에 M2 카빈을 보급하기도 어려웠으나 1966년 브라운각서를 통해 미국이 한국군의 현대화 지원을 약속하고 전투부대를 본격적으로 파병하면서 M16 소총이 지급되기 시작하였다. 이후 1968년부터 한국군에 제식 기본화기로 보급되었다. 1971년부터는 미국 콜트(Colt)사와 기술협정을 체결하여 1974년 3월 2일부터 1985년까지 대우정밀에서 M16A1을 면허 생산하였다.[9)]

〈표 3〉 M16A1 소총 제원[10)]

구 분	제 원	구 분	제 원
구경	5.56mm	중량	3.1kg
길이	99cm	사격속도	분당 700~800발
사거리	460m	조작인원	1명

8) https://namu.wiki/w/M16A1(검색일: 2025.6.30.)
9) https://ko.wikipedia.org/wiki/M16_소총(검색일: 2025.6.30.)
10) 남기봉 · 김용현 · 김성우, p. 31.

〈영상 3〉 베트남전 M16A1 소총 실전[11]

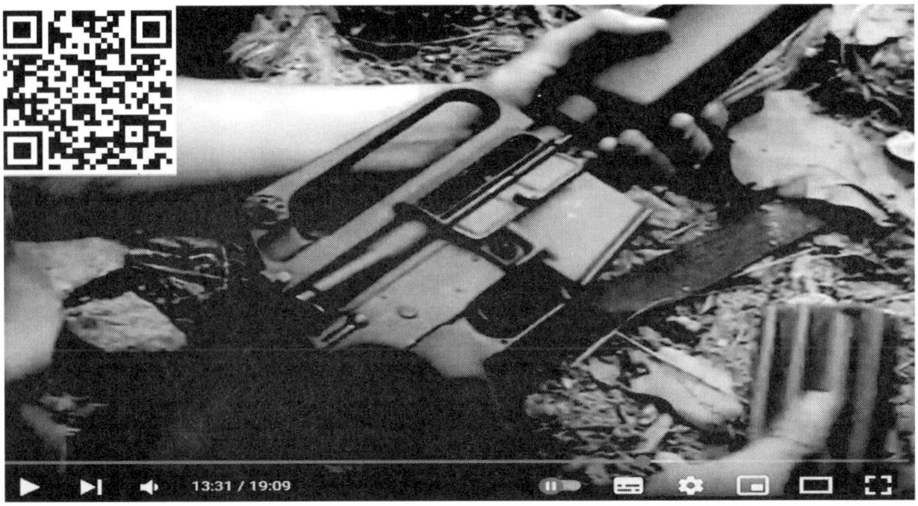

M16 소총은 사거리가 274m로 짧은 카빈 소총에 비해 460m의 유효사거리를 가지면서도 중량은 M1 소총보다 가벼운 특성을 지닌다. 20발과 30발 삽탄이 가능한 탄창을 활용하여 자동사격이 가능하다. 1990년 이후 M16A1 소총은 한국이 자체 개발한 K2소총으로 대체되었다. 1990년대까지 예비군 무기였던 M1 소총을 대체하였으며, 이어 2014년까지 예비군 무기로 남아있던 카빈 소총을 대체하였다.

3. K2소총

K2소총은 M16A1소총을 대체하기 위해 1972년부터 국방과학연구소에서 개발을 시작하여 1982년부터 대우정밀공업(현재의 SNT모티브)에서 생산이 시작되었으며 1985년부터 전력화 보급되었다. 한국인의 신체조건에 맞추어 접철식 개머리판을 적용하여 휴대를 간편하게 하였으며, 사격방식을 단발, 점사, 자동(연발)로 구분하여 연발사격으로 인한 탄약의 낭비를 방지하였다. 동심원 원리를 이용한 가늠쇠와 가늠자 구멍을 맞추는 방식으로 빠르게 정확한 조준이 가능하도록 개발하였다.

1980년대 양산할 당시 미국 콜트 사와 저작권 다툼이 있었으나, 결국 국방부

11) https://www.youtube.com/watch?v=03PBoSCztDo&t=257s(검색일: 2025.6.30.)

조병창이 미 콜트를 상대로 승소하였다. K2소총은 한국군의 기본 제식화기로 현재까지 사용되고 있으며, 한국 경찰은 물론이고 이라크, 나이지리아, 세네갈, 피지, 레바논, 페루, 말라위, 파푸아뉴기니, 캄보디아 등의 국가에서도 사용되고 있다.

〈사진 3〉 K2소총[12)]

K2소총이 지니는 M16 계열 소총과 주된 차이점을 장점을 중심으로 정리해 보면 다음과 같다.

첫째, M16 계열 소총이 가스직동식인 반면에 K2소총은 AK소총에 쓰이는 롱 스트로크 가스 피스톤 방식을 채용하여 반동은 조금 더 강하지만 연발사격의 정확성을 개선하였다. 가스직동식의 경우 연소 가스의 그을음이 노리쇠와 약실 등에 쌓이기 때문에 자주 철저히 청소해야 하고, 격발가스의 열로 인해 자주 과열됨에 따라 총의 수명이 상대적으로 짧다는 단점을 가지고 있다.

둘째, 가늠쇠 울이 원형이기 때문에 M16 계열보다 조준이 빠르고 정확하다. 가늠쇠 울의 구멍과 가늠자의 구멍을 맞추는 동심(同心) 원리를 채택하였다.

셋째, 공수부대에서 주로 활용하는 접히는 접철식 개머리판을 채용하여 휴대가 용이하다. 개머리판이 접힌 상태에서도 사격이 가능하다.

넷째, M16 계열 소총의 경우 노리쇠에 용수철 사용 차개가 있는 데 반해, K2는 AK 소총처럼 아랫 몸통에 위치하는 고정식 차개를 채용하여 신뢰성이 높으

12) https://blog.naver.com/polarbear545/222153684281?photoView=0(검색일: 2025.6.30.)

며 관리가 용이하다. 또한 탄피가 항상 우전방으로 배출되기 때문에 왼손잡이가 쏠 경우에도 탄피가 얼굴을 때릴 위험이 없다.[13)]

〈영상 4〉 K2소총 사격[14)]

〈표 4〉 K2소총 제원[15)]

구 분	제 원	구 분	제 원
구경	5.56mm	중량	3.26kg
길이	97cm(개머리판 접었을 때 73cm)	사격속도	분당 700~900발 (최적: 분당 12~15발)
사거리	600m	조작인원	1명
강선	6조 우선 (1회전 185mm)	총구 속도	905m/s (K100탄: 885m/s)

K2소총의 특성은 탄알집 장전식, 견착 사격식, 연발·점사·단발식, 가스 작용식, 공랭식이다. 탄알집 장전식은 탄알을 미리 탄알집에 장탄한 후 소총에 결합하여 사용하는 방식이다. 견착 사격식은 사격을 위해 어깨에 의지하고 사격하는 방식이다. 연발·점사·단발식은 상황에 따라 세 가지 기능 중에 하나를 선택하여 사

13) https://ko.wikipedia.org/wiki/K2_소총(검색일: 2025.6.30.)
14) https://www.youtube.com/watch?v=jjEHKJP0Zpw&t=237s(검색일: 2025.6.30.)
15) 남기봉 · 김용현 · 김성우, p. 31.

격할 수 있다. 공랭식은 사격간 가열된 총열이 공기에 의해 냉각하는 방식이다.

4. K2C1 소총

K2C1은 한국군의 대표 소총인 K2의 개량형으로, 국내 기술로 개발됐다. K2C1 소총은 기존 K2 소총의 개머리판과 총열덮개 부분을 개량한 것이 특징이다. K2와 성능 면에서는 큰 차이가 없다. 2016년 일선 전방부대에 K2C1 약 1만 8,000정을 보급하기 시작하였다.

K2C1은 K2소총 생산을 시작한 지 30년이 흐르는 동안 신세대 병사들의 키가 커졌다는 점을 반영하였다. 병사의 신장에 따라 개머리판 길이를 늘리거나 줄일 수 있는 신축형 개머리판을 부착했다. K2C1의 총열 덮개 부분은 세계적 추세인 피카티니 레일을 달았다. 피카티니 레일은 소총에 조준경, 표적 지시기, 전등 등을 쉽게 탈착할 수 있도록 다수의 홈을 가지고 있는 장치다.[16]

〈사진 4〉 K2C1소총[17]

2016년 최초 보급 당시 K2C1의 총열 덮개는 플라스틱이었으나 이를 알루미늄으로 바꾼 이후 발사하면 뜨거워지는 문제가 발생하여 보급이 중단되기도 하였다. 이후 2017년 7월부터 방열 덮개를 포함해 수직 손잡이와 전투 장갑까지 모두 지급하면서 문제를 해결하였다.

육군의 경우 전방사단 기준으로 전투부대의 경우는 전량 K2C1으로 대체되었으며, 비전투부대만 구형 K2를 사용하고 이를 제외한 전투병과는 거의 대부분

16) https://www.khan.co.kr/article/201610122136001(검색일: 2025.6.30)
17) https://ko.wikipedia.org/wiki/K2_소총(검색일: 2025.6.30.), 아래 사진은 총열 덮개와 수직 손잡이를 부착한 모습

K2C1을 사용 중이며, 후방사단의 경우에는 구형 K2를 사용하면서 M16A1은 예비군용으로 전환하여 사용 중이다.

해군의 경우 K2C1이 모든 군사경찰 부대를 비롯한 육상 전투부대와 함정부대의 함재 소병기로 K2를 대체하여 보급 완료되었다. 함재 소병기로는 소량의 K2도 여전히 남아 있는데, K201 유탄발사기 사수가 사용한다.

공군에서는 2017~2018년경 각급 군사경찰부대가 사용하던 K2를 대체하며 도입되었다. 현재는 특임소대와 유탄사수를 제외한 모든 군사경찰 병력이 K2C1을 사용하고 있다. 일선 비행단에서는 대공방어대에도 보급되었고, 2021년에는 기본군사훈련단에서 훈련용 총기로 쓰이던 K2를 완전히 대체했으며, 비군사경찰 특기에도 보급되고 있다.

〈영상 5〉 K2C1 소총 사격[18]

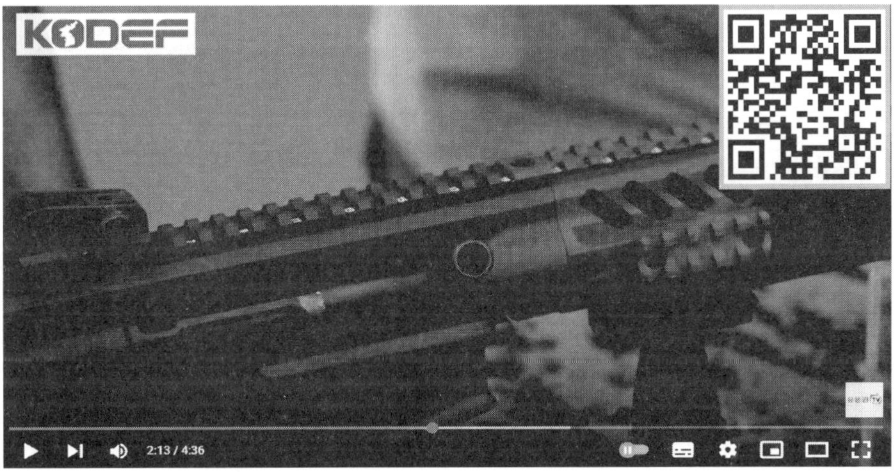

해병대의 경우 보병대대에서 전부 K2C1으로 바뀌었다. K2를 사용하는 경우에도 상부에 레일이 결합되어 있거나 비전투부대 또는 후방 지원부대 등 직할 중대에서 K2를 쓴다. 총뿐만 아니라 탄창도 맥풀(Magpul)과 같은 폴리머(Polymer) 재질의 탄창으로 보급된 것이 확인되었다.[19]

K2C1 소총의 제원은 K2소총에 대비하여 소총 자체 무게가 3.684kg, 길이가 개머리판 5단시 101.4cm로 다소 무겁고 길며 사거리는 600m, 발사속도 분당

18) https://www.youtube.com/watch?v=_-HmYEbimdU&t=133s(검색일: 2025.7.22.)
19) https://namu.wiki/w/K2소총(검색일: 2025.6.30.)

700~900로 K2소총과 동일하다.

〈표 5〉 K2C1 소총 제원[20]

구 분	제 원	구 분	제 원
구경	5.56mm	사격속도	분당 700~900발 (최적: 분당 12~15발)
길이	101.4cm (개머리판 5단시)	중량	3.684kg
*개머리판 신축시	1단시 94cm 2단시 95.5cm 3단시 97cm 4단시 98.5cm	*전방손잡이	0.11kg
		*보호덮개	0.08kg
		*주야조준경	0.39kg
사거리	600m	조작인원	1명
강선	6조 우선 (1회전 185mm)	총구 속도	905m/s (K100탄: 885m/s)

K2C1 소총은 피카티니(Picatinny)형 레일 장착과 전방손잡이 사용, 조절형 개머리판을 특징으로 한다. 피카티니형 레일은 나토(NATO: North Atlantic Treaty Organization)가 총기에 각종 조준경, 감시장비 등 액세서리를 탑재할 수 있도록 규격화한 플랫폼으로서 난립하던 총기 액세서리 규격이 통일되어 피카티니 레일이 적용된 총기라면 조준경 등 대부분의 액세서리를 쉽게 장착할 수 있게 되었다.

K2C1도 이를 채택하여 세계적 소총으로 발전하고 있다. 전방손잡이는 지형지물을 의탁할 수 없는 상황에서 안정적으로 신속한 조준이 가능하도록 해 주며, 앞에서 설명한 수직손잡이로서 총열이 뜨거워지는 것을 극복하기 위한 방편이기도 하다. 조절형 개머리판은 〈표 5〉의 표에서 보듯이 1~4단까지는 1.5cm의 차이로 늘어나며, 4단에서 5단으로 조절하면 2.9cm가 늘어나게 되어 소총을 사용자의 신체 구조에 따라 다양한 선택을 할 수 있다.

20) 대한민국 육군, 『K1 · K2 · K2C1』 (2022), p. 1-4를 참조.

5. K2/K2C1 소총의 3대 특성

가. 융통성 있는 개머리판

대한민국이 자체 개발한 독자 모델인 K2소총과 K2C1 소총 모두 사격시 어깨 견착을 위해 주로 사용되는 개머리판을 접을 수 있는 특징이 있다. 여기에 더하여 K2C1의 경우 신축형 방식을 혼용하고 있어 신체에 따라 길이를 조절할 수 있다. 이는 평시 휴대를 편하게 하고, 좁은 공간에서 소총의 사용을 쉽게 하는 융통성을 부여한다. K2의 경우 개머리판을 접지 않았을 때 98cm이며 K2C1은 101.4cm이지만 개머리판을 접었을 경우에는 73cm로 줄어든다. K2의 경우는 25cm, K2C1의 경우는 28.4cm가 줄어들게 된다. 현대 및 미래의 전장 환경에서 전차, 장갑차, 보병전투차량 등을 탑승하거나 시가지의 협소한 공간에서 전투하는 상황일 때 활동의 자유를 보장한다.

〈사진 5〉 개머리판 접은 K2, K2C1 모형 소총[21)]

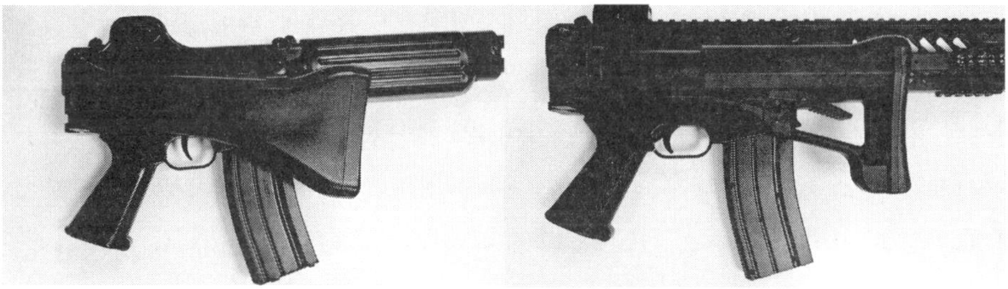

그리고 K2C1의 개머리판의 신축은 총 4단계에 걸쳐 약 2cm씩 증감이 가능하다는 장점을 지닌다. 이는 신체의 구조가 다양한 신세대 장병들 각자의 특성에 맞게 늘리거나 줄여서 휴대하고 신속하게 자신에게 맞는 조준점으로 사격을 할 수 있는 장점을 지닌다.

한국군의 K2 소총은 세계적으로도 대표적 접이식 개머리판을 사용하는 소총이다. 과거에는 접이식 개머리판은 주로 쇠파이프나 굵은 철사로 만들어졌으나 현 국가들의 제식 소총들은 보다 가벼우면서도 단단하고 강한 분자 중합체로 만들어진 폴리머(polymer)제 접이식 개머리판을 선호하는 추세이다. 폴리머로 만들어져서 옆으로 접히는 형태의 경우 개머리판이 접히는 경첩 부분 이외에는 움직이

21) 필자 촬영(2025.7.1.)

는 부분도 없고 딱히 복잡한 구조가 존재하지 않기 때문에 고정식보다는 조금 떨어지긴 하지만 백병전에서도 충분히 사용할 수 있을 정도의 내구성을 가진다.

한편 K2C1이 채택하고 있는 신축형 개머리판은 길이를 앞뒤로 조절할 수 있는 개머리판이다. 개머리판의 길이를 조절하여 사용자의 체형에 맞게 조율이 어느 정도 가능하다. 이 유형의 개머리판을 채택한 대표적인 소총은 미군의 M4/M4A1으로 개머리판 안에 노리쇠 복좌용수철이 들어 있는 구조이다. 이는 접을 수가 없는 구조로 신축형 개머리판을 채택했다. 반면에 K2C1은 접을 수도 있고 체형에 맞추어 길이를 신축적으로 조절할 수 있게 되어 있다. 따라서 K2C1은 구조적 제약이 없도록 접이식과 신축형을 결합한 형태의 복합형 개머리판을 채택한 소총이다.[22)]

나. 동심원 원리적용 조준

소총을 사격해서 정확하게 표적을 명중하기 위해서는 소총의 몸통 위에 있는 가늠자와 총구 위에 있는 가늠쇠를 일치시키고 그 연장선 위에 표적을 일치시켜야 한다. 특히 가늠자와 가늠쇠는 일종의 방향타 역할을 하고 거리가 짧으므로 미세한 차이가 원거리 표적에서 큰 차이로 나타나게 된다.

M16 소총의 경우 가늠자는 원으로 되어 있고 가늠쇠는 중간이 짧은 삼지창 형태로 되어 있어 가늠자로 보이는 원에 임의의 십자선을 그리고 그 중심과 가늠쇠의 짧은 삼지창 끝을 일치시켜 그 위에 표적을 올려놓는 원리로 조준한다. 그런데 임의의 십자선을 그리기가 그렇게 쉬운 일이 아니다. 또한 급박한 전장 상황 속에서 불규칙한 호흡, 기상 조건에 따른 혼란 등이 가중되면 정확한 조준이 어렵게 된다. 이러한 조준을 좀 더 쉽게 할 수 있도록 고안한 것이 K2, K2C1이 적용하고 있는 동심원 원리이다.

---

22) https://namu.wiki/w/개머리판(검색일: 2025.7.1.)

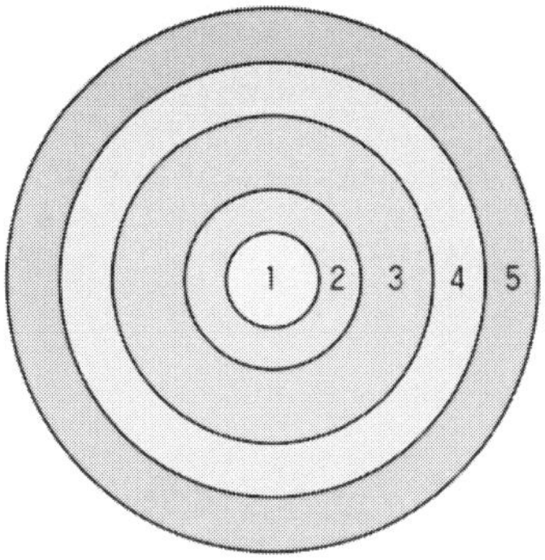

동심원 이론(Concentric Zone Theory)은 미국의 도시생태학자 어니스트 W. 버제스(Ernest W. Burgess)가 1925년 시카고를 사례로 연구한 《The growth of the city》에서 제안한 모델로, 도시내부구조에 관한 최초의 체계적인 이론이며 생태학적 원리를 도시에 적용한 이론이다.[23] 좌측 그림에서 보듯이 동심원이란 정중앙이 일치하는 원이 여러 개 겹쳐 있는 것을 의미한다. 그리고 겹친 원은 어느 방향으로나 등거리를 유지하게 된다. 이러한 동심원 원리는 가늠자와 가늠쇠의 동심에 표적을 일치시키면 가장 정확하게 표적을 제압할 수 있게 된다.

다. K100탄 사용으로 사거리 연장

K2, K2C1 소총에 주로 사용되는 탄약은 M193이었다. 이후 보병용 신형 탄약 지정을 위해서 서유럽 방위산업회사에서 주도적으로 개량해서 현행 5.56×45mm NATO탄을 만들어 SS109으로 채용하였다. 이는 기존의 M193에 비해 탄자가 약간 길고 좀 더 공기 역학적으로 개량되어서 원거리에서의 명중률이 높다. 이 탄의 미군 제식명은 M855이고 한국군 제식명은 K100이다. 탄자의 무게가 M193은 3.95g, K100은 4.02g로 다르며 이에 따라 장약도 달라 K100을 사용할 경우 유효사거리가 600m로 늘어난다.

과거에는 K2소총으로 KM193 탄약을 사용했을 때 250m 사거리에서 조준점과 탄착점이 일치하는 장점을 가진 M193 혹은 KM193탄을 주로 사용하여 사격훈련을 실시하였다. KM193과 K100은 탄두의 형상과 탄두에 칠해진 색으로 구별할 수 있다. K100의 탄두 형상은 뾰족한 데 비해, KM193은 K100에 비해 뭉

23) https://librewiki.net/wiki/동심원_이론(검색일: 2025.7.1.)

특한 형상을 하고 있다. 또한 KM193은 탄두에 아무런 색이 칠해지지 않아 금색을 띄고 있는데, K100은 탄두에 녹색 페인트가 칠해져 있다.

그러나 현재는 대부분 K100탄을 사용하여 증강된 사거리와 파괴력을 발휘하고 있으며, KM193 탄약이 남아있는 경우 외에는 대부분의 전투부대에서 K100을 사용하고 있다.[24)]

〈표 6〉 한국군 사용 소총 탄환[25)]

구 분	무게	양산 과정	모양
KM193	3.95g	M193의 면허생산	
KM196	3.95g	M196 예광탄 면허생산	
K100	4.02g	M855 참고 독자 생산	
K101	4.13g	K100 예광탄 버전 생산	

게다가 세계적인 미래전 무기체계의 특성이 장갑 및 방탄 장구류를 보강하여 소총탄의 유용성이 떨어지는 현상이 대두됨에 따라 한국군은 고성능 탄약의 전력화를 추진하고 있다. 〈영상 6〉과 같이 고성능 탄약은 탄두의 무게중심을 앞쪽에 두고 탄자 후미에 홈을 만들어 비행속도와 사거리 및 관통력을 획기적으로 강화한 미래형 탄환을 개발하고 있다.

24) https://namu.wiki/w/K2소총(검색일: 2025.6.30.)

25) https://namu.wiki/w/K2소총(검색일: 2025.7.1.), 사진은 "서울 아덱스 2017 풍산 부스," https://www.doopedia.co.kr/photobox/comm/community.do?_method=print&GAL_IDX=171113001082131(검색일: 2025.7.1.)

〈영상 6〉 고성능 탄환 개발26)

제2절 소총의 조작 및 관리

1. 주요 외부 명칭

가. K2소총

K2소총은 크게 세 부분으로 개머리판, 몸통부, 총열부로 구분된다. 개머리판은 소총의 후미로서 어깨에 견착할 수 있는 역할을 하며 개머리판, 개머리판받침 등이 있다. 몸통부는 탄약을 장전하고 격발하며 탄피를 추출하는 소총의 핵심 부분이다. 여기에는 가늠자뭉치, 장전손잡이, 노리쇠, 노리쇠멈치, 조정간, 방아쇠 및 방외쇠울, 손잡이 등이 있다. 총열부는 탄환이 총열을 통해 나가는 부분으로 여기에는 총구, 소염기, 가스통, 가늠쇠뭉치, 총열덮개, 대검꽂이, 멜빵고리 등이 있다.

26) https://www.youtube.com/watch?v=thFbWRfXZnE(검색일: 2025.7.22.)

〈그림 1〉 K2소총 주요 외부 명칭[27)]

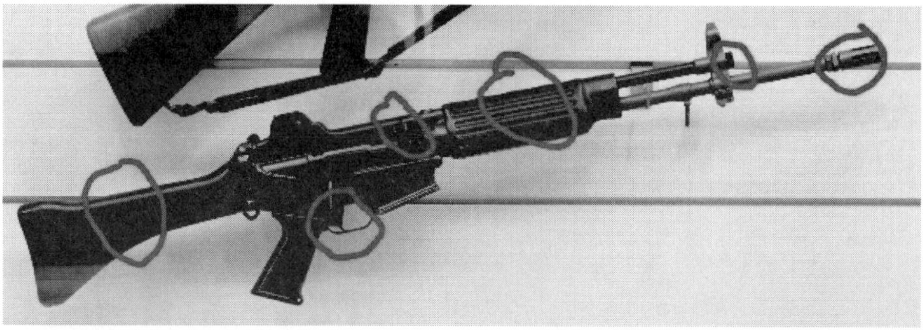

주요 외부 명칭을 살펴보면 〈그림 1〉에 원으로 그려진 왼쪽에서 오른쪽 순으로 개머리판, 방아쇠, 장전손잡이, 총열덮개, 가스조절기, 소염기이다.

개머리판은 총기 뒤쪽에 붙어있는 한쪽으로 접히는 플라스틱 구조물로 총기를 사격할 때 이 개머리판에 어깨를 고정시켜 더 안정적으로 사격, 명중률을 높여주는 장치이다.

방아쇠는 탄을 사격할 때 공이를 전진시켜 탄을 격발시키는 장치이다.

장전손잡이는 약실에 다음 탄을 장전하기 위한 손잡이이다. 약실에 탄약이 들어있고 탄창이 삽입되어 있는 상태에서 당길 경우 약실에 있던 탄은 탄피 배출구로 튀어나오고 탄창에 삽입되어 있던 다음 탄을 약실에 삽입하게 되는데 전장에서 탄이 걸렸을 때 가장 많이 하게 되는 행동 중 하나이다.

총열 덮개는 단순히 얇은 철제 파이프인 총열을 덮어주는 플라스틱 구조물로 총의 명중률에 지대한 영향을 끼치는 총열이 외부의 충격으로 휘지 않도록 덮어서 보호해주는 역할을 해줌과 동시에 총기를 발사했을 때 총열에서 발생하는 열로부터 사수의 손을 지켜주고 동시에 더 총기를 더 잘 잡을 수 있게 해 주는 부품이다.

27) https://kin.naver.com/qna/detail.naver?d1id=6&dirId=60401&docId=209821981&enc=utf8&kinsrch_src=pc_nx_rra&qb=SzIg7IaM7LSd7J2YIOyZuOu2gOuqhey5rQ%3D%3D(검색일: 2025.7.1.)

〈그림 2〉 K2소총 좌 · 우측 주요 명칭[28]

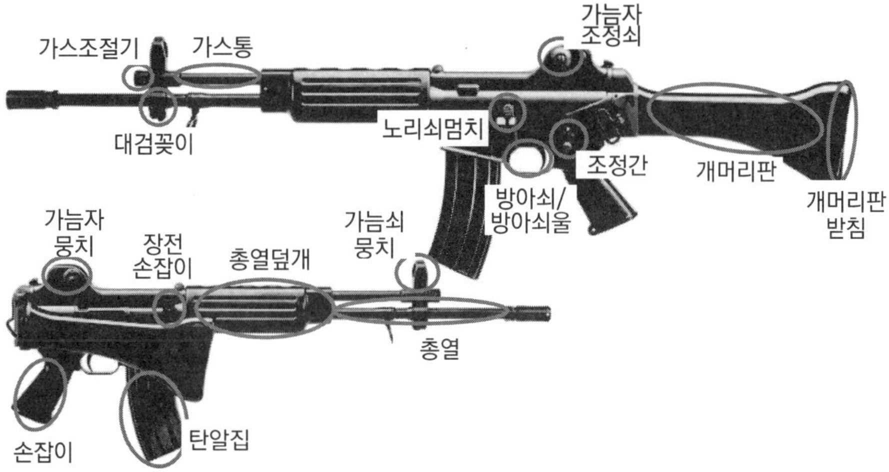

가스조절기는 탄이 발사될 때 발생하는 가스가 총열 전방 상부부터 총몸까지 이어져 있는 가스 튜브로 흘러드는 양을 조절하기 위한 조절기이다. 이 조절기를 조절하여 아예 다음 탄이 자동으로 장전되지 않게 할 수도 있고, 가스가 약한 동절기에는 가스를 더 흘려보내 총기가 더 원활하게 작동할 수 있게 조절할 수 있게 해준다.

소염기란 총구 부분에 붙어있는 우상방향으로 구멍이 3개 난 장치를 의미한다. 이 소염기는 사격시 발생하는 발사화염과 반동을 줄여주는 역할을 한다.

나. K2C1 소총

K2C1 소총은 K2소총을 뼈대로 하여 총열 및 방열덮개, 가늠자, 전방손잡이 및 개머리판을 변형하였다. 따라서 〈그림 3〉에 제시된 사항 외에는 K2소총과 외부 명칭도 동일하다.

28) 필자 정리(2025.7.1.)

〈그림 3〉 K2C1 소총 주요 명칭[29]

2. 안전검사 및 분해결합

가. 안전검사

안전검사는 소총의 안전하게 사용하기 위해 가장 먼저 사용자가 갖추어야 할 능력이다. 소총의 조작, 분해결합 및 사격하기 전에 반드시 실시하여 안전하게 소총을 취급하고 관리할 수 있어야 한다.

안전검사의 순서는 ①노리쇠 후퇴고정 ②조정간 안전 ③약실 검사 ④노리쇠 전진 ⑤조정간 단발 ⑥격발 순이다. ①노리쇠 후퇴고정은 노리쇠를 오른손으로 잡고 몸쪽(뒤로)로 후퇴시킨 후 노리쇠 멈치로 고정하는 것이다. ②조정간 안전은 노리쇠를 후퇴고정한 상태에서 조정간을 안전에 위치시키는 것이다. ③약실 검사는 조정간을 안전에 위치시킨 후 노리쇠의 후퇴로 개방된 약실을 눈으로 검사하여 잔탄 등이 남아 있지는 않은지 등의 이상 유무를 확인하는 것이다. ④노리쇠 전진은 약실 검사후에 이상이 없는 상태에서 노리쇠 멈치를 눌러 노리쇠를 전방으로 전진시키는 것이다. ⑤조정간 단발은 노리쇠가 전진하면 격발할 수 있도록

29) 필자 정리(2025.7.8.)

조정간을 단발에 놓는 것이다. ⑥격발은 방아쇠를 당겨 격발을 시킴으로써 최종적으로 이상 유무를 확인하는 것이다.

만약 탄알집이 결합되어 있다면 이를 제거하고 안전검사를 해야하므로 조정간을 안전에 위치시킨 상태에서 좌측 사진[30]과 같이 오른손 인지로 탄알집 제거누름쇠를 눌러 탄알집을 빼어내고 안전검사를 한다. 약실내에 탄약의 유무를 확인하기 위해서는 총구를 좌측상방으로 45° 기울여 탄피 배출구를 통해 눈으로 검사하며 육안으로 확인할 수 없을 경우 또는 면밀한 확인이 필요할 경우 새끼손가락을 약실에 넣어 확인한다.

나. 분해결합

소총을 분해 및 결합하는 것은 평상시의 소총 관리를 위해서 필요하며 사격을 하기 전과 후의 소총 손질 및 고장이 발생했을 경우에 이를 조치하기 위하여 실시한다. 보통 및 특별 분해결합으로 구분되며 보통 분해결합은 총몸의 활동부에 대한 분해결합으로 소총 사용자가 단독으로 할 수 있다. 특별 분해결함은 방아틀뭉치에 대한 분해결합까지 실시하는 것으로 정비요원만 실시할 수 있다. 따라서 이 책에서는 보통 분해결합을 집중적으로 살펴본다.

K2소총의 보통 분해결합 순서는 ①멜빵분리 ②가스조절기 분리 ③위총몸 개방 ④아래총몸뭉치 분리 ⑤복좌용수철 및 밀대뭉치 분리 ⑥장전손잡이 분리 ⑦총열뭉치 분리 ⑧가스활대 및 노리쇠집뭉치 분리 ⑨덮개나사 및 덮개 분리 ⑩공이멈치못 분리 ⑪공이 분리 ⑫노리쇠돌림못 분리 ⑬노리쇠 분리 ⑭갈퀴멈치못 분리 ⑮갈퀴 분리 순이다.

①멜빵분리는 멜빵 조임쇠를 화살표방향으로 개방하여 멜빵 윗고리에서 멜빵을 분리하고, 멜빵 아랫고리로부터 멜빵을 완전히 분리후 정리하는 것이다. ②가스조절기 분리는 가스조절기멈치를 눌러 가늠쇠뭉치의 노란 화살표 방향에 멈치

30) 육군본부, 『병기본』(2011), p. 11.

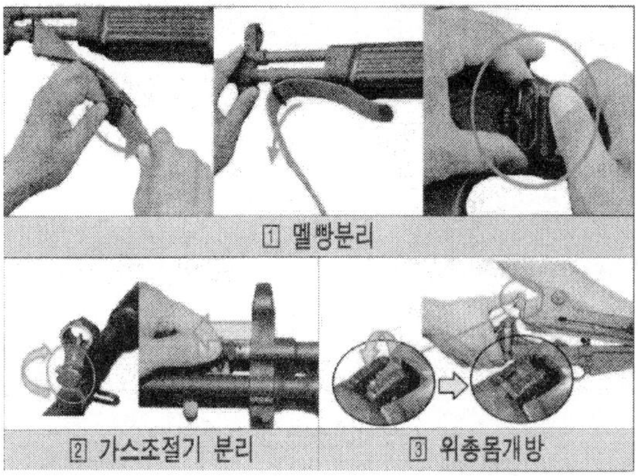

1 멜빵분리 2 가스조절기 분리 3 위총몸개방

가 위치하도록 돌린 후 분리한다. ③위총몸 개방은 복좌용수철 전방받침 힌지를 후방으로 후퇴시킨 후 위총몸을 개방하는 것이다.

④아래총몸뭉치 분리는 총몸분리못을 송곳이나 꽂을대 끝으로 누른 후 아래총몸을 분리하는 것이다. ⑤복좌용수철 및 밀대뭉치 분리는 용좌용수철 및 밀대뭉치를 몸쪽으로 당겨 분리한다. ⑥장전손잡이 분리는 장전손잡이를 장전손잡이 홈까지 당겨 일치시킨 후 분리하는 것이다. ⑦총열뭉치 분리는 노리쇠뭉치를 뒤로 당겨 총열 뭉치와 분리하는 것이다. ⑧가스활대 및 노리쇠집뭉치 분리는 총열뭉치에서 분리되어 나온 노리쇠집뭉치에서 가스활대를 위로 들어 분리하는 것이다. ⑨덮개나사 및 덮개 분리는 총열덮개 나사와 총열덮개를 분리하는 것으로 덮개 내부에 이물질이 끼어서 문제가 발생할 우려가 있을 때에만 분리한다.

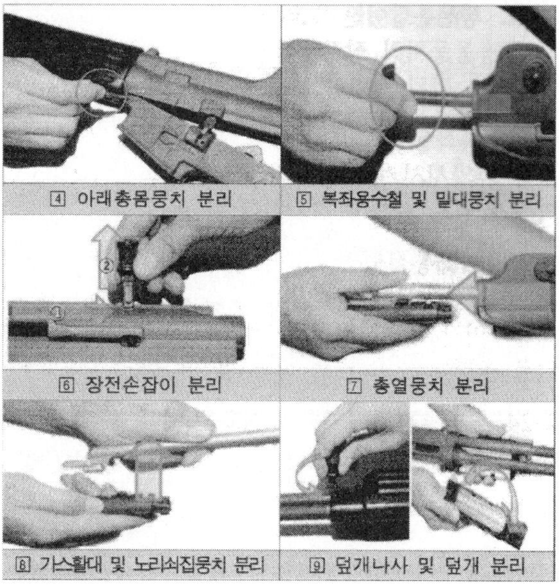

4 아래총몸뭉치 분리 5 복좌용수철 및 밀대뭉치 분리 6 장전손잡이 분리 7 총열뭉치 분리 8 가스활대 및 노리쇠집뭉치 분리 9 덮개나사 및 덮개 분리

⑩공이멈치못 분리는 공이를 분리하기 위해서 공이멈치못을 분리하는 것이다. ⑪공이 분리는 노리쇠집뭉치의 노리쇠 상단 부분을 들어주어 공이를 분리하는 것이다. ⑫노리쇠돌림못 분리는 최초 돌림못의 방향에서 90°를 회전시켜 분리하게 된다. ⑬노리쇠 분리는 노리쇠뭉치를 노리쇠집에서 뒤로 잡아당겨 분리하는 것이다. ⑭갈퀴멈치못 분리는 갈퀴를 분리하기 위해 매우 작아 분실의 우려가 큰 갈퀴멈치못을 분리하는 것으로 갈퀴의 손질이 필요한 경우에만 실시한다. ⑮갈퀴 분리는 갈퀴를 위로 들어 분리하며, 용수철은 분실우려가 매우 크므로 갈퀴에서

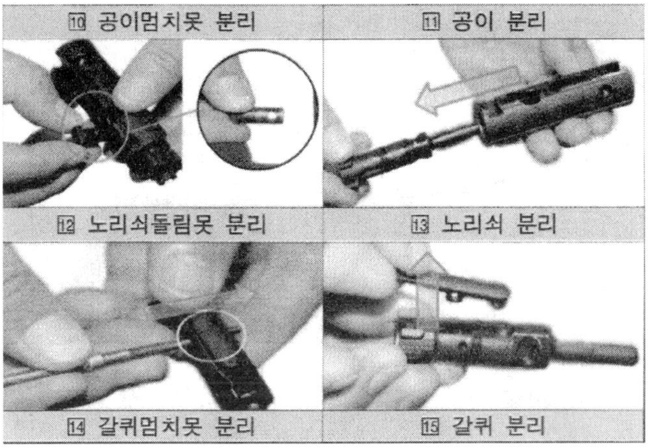

갈퀴용수철을 분리하면 안 된다. 분해가 완료되었을 때 각 부품은 〈그림 4〉와 같다.

〈그림 4〉 분해 완료시 부품[31)]

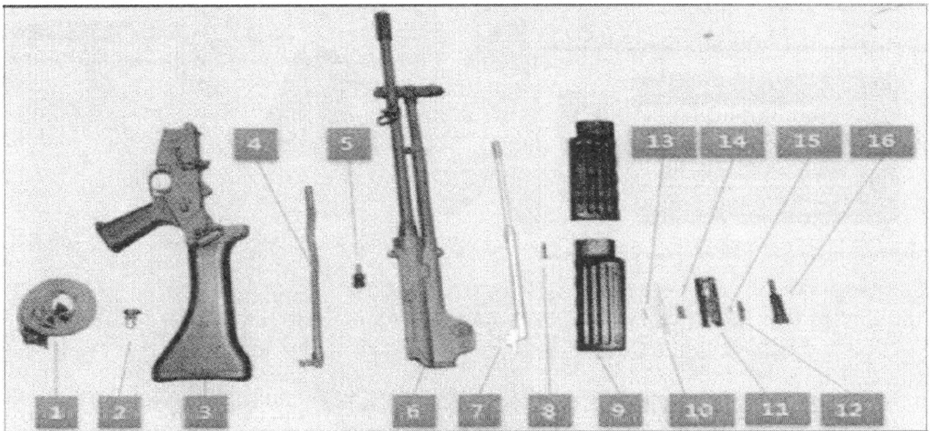

1. 멜빵 2. 어깨받침쇠 3. 아래총몸뭉치 4. 복좌용수철 및 밀대뭉치
5. 장전손잡이 6. 총열뭉치 7. 덮개나사 8. 덮개 9. 공이멈치못 10. 공이
11. 노리쇠돌림못 12. 노리쇠집 13. 갈퀴멈치못 14. 갈퀴 15. 노리쇠

결합은 분해의 역순으로서 ①갈퀴 결합 ②갈퀴멈치못 결합 ③노리쇠 결합 ④노리쇠돌림못 결합 ⑤공이 결합 ⑥공이멈치못 결합 ⑦덮개나사 및 덮개 결합 ⑧가스활대 및 노리쇠집뭉치 결합 ⑨총열뭉치 결합 ⑩장전손잡이 결합 ⑪복좌용수철 및 밀대뭉치 결합 ⑫아래총몸뭉치 결합 ⑬위총몸 결합 ⑭가스조절기 결합 ⑮멜빵결합 순이다. 각 순서의 세부 행동요령은 분해의 역으로 적용하면 된다.

31) 대한민국 육군, 『K1 · K2 · K2C1』 (2022), p. 2-4.

〈영상 7〉 K2소총 분해결합[32)]

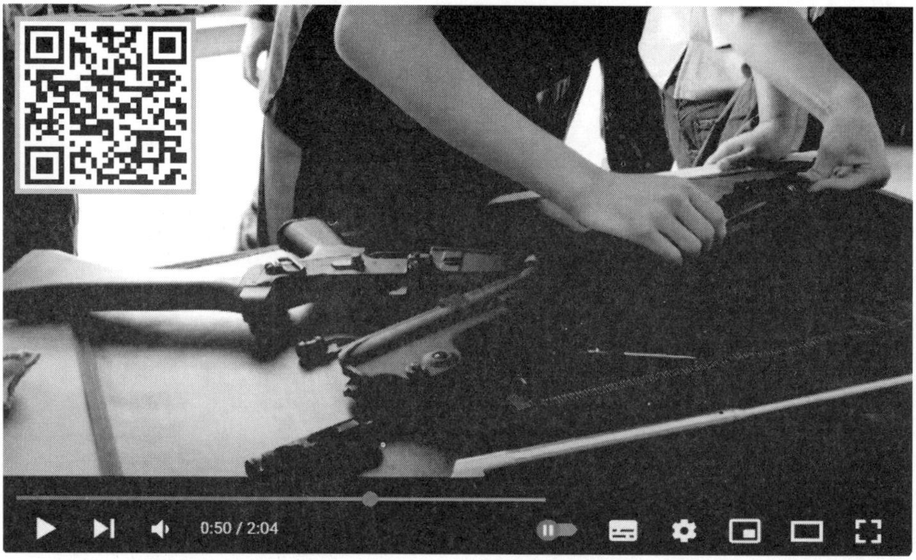

3. 조작 및 기능

가. 조작

조작이란 상황에 따라 소총의 각 부품을 사용에 제일 적합한 상태로 다루는 것을 의미한다. 조작을 잘하는 것이 소총을 잘 사용할 수 있는 행동 능력을 갖추는 기본이다. K2소총에서 조작이 필요한 부품은 조정간, 노리쇠멈치, 탄알집제거누름쇠, 장전손잡이, 가늠자뭉치, 개머리판, 방아쇠울, 가스조절기 등이다.

조정간은 안전, 단발, 점사, 연발 기능이 있다. 안전은 방아쇠를 당겨도 격발이 되지 않도록 한다. 단발은 방아쇠를 당기면 한번 당길 때마다 1발씩 탄알이 발사된다. 점사는 방아쇠를 당기면 3발이 발사되는 기능이다. 연발은 방아쇠를 당기고 있으면 격발이 연속적으로 순환되며, 방아쇠를 놓으면 사격이 중지된다.

노리쇠멈치는 노리쇠를 후퇴한 상태에서 고정시키는 역할을 한다. 장전손잡이를 뒤로 당겨 노리쇠를 후퇴한 후 노리쇠멈치를 바깥방향으로 들어 올리면 고정되며 노리쇠멈치를 누리면 다시 노리쇠가 전진하며 탄알집에 탄알이 있는 경우 장전된다.

탄알집제거 누름쇠는 탄알집을 소총에섭 분리할 때 사용한다. 오른손으로 소

32) https://www.youtube.com/watch?v=j-pyMzPG4p0(검색일: 2025.7.21.)

총을 잡고 검지를 사용하여 탄알집제거 누름쇠를 누르면 탄알집이 제거된다.

장전손잡이는 노리쇠멈치에서 설명한 바와 같이 노리쇠를 후퇴 또는 전진시키는 역할을 한다. 분해결합시에는 덮개 분해 및 공이멈치못 등을 분해하는 데에 사용할 수 있다.

〈그림 5〉 K2소총 가늠자 뭉치[33]

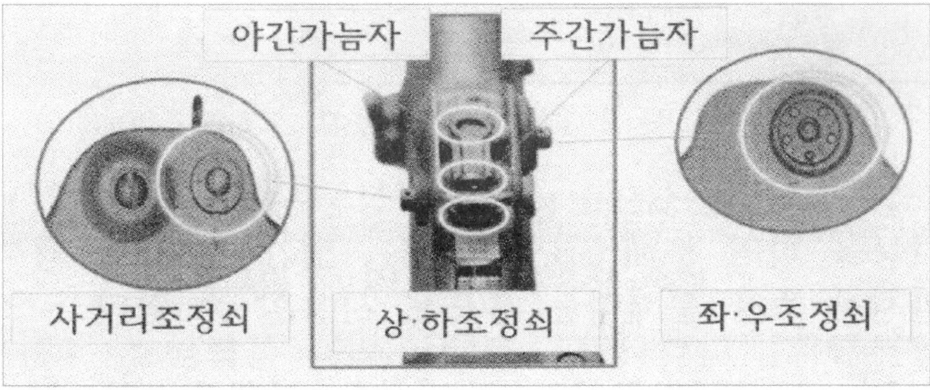

가늠자뭉치는 표적을 조준하는 데 필요한 가늠장치이다. 가늠자뭉치는 〈그림 5〉와 같이 주간가늠자와 야간가늠자가 있으며, 가늠자를 조정하는 사거리조정쇠, 상 · 하조정쇠, 좌 · 우조정쇠가 있다. 주간에는 주간가늠자를 사용하며, 야간에는 평상시 누워있는 야간가늠자를 세워서 사용한다. 좌측면에 장착되어있는 사거리조정쇠는 원형태의 안쪽에 2.5, 4, 5, 6의 숫자가 표시되어 있으며 원의 아래쪽에 화살표가 각인되어 있다. 250m를 전후((0~300m)한 표적을 사격시에는 2.5에 화살표를 맞추며, 400m를 전후(351~450m)한 표적은 4에 화살표를 맞춘다. 5는 451~550m, 6은 551m이상의 표적에 화살표를 맞추도록 조작한다. 상·하조정쇠는 사격시 탄착점을 위로 올려야 할 경우 화살표방향(상→)으로 내려야 하면 그 반대방향으로 조작한다. 좌 · 우조정쇠는 탄착점을 우측으로 이동시켜야 할 경우 화살표방향(R→)으로 조작하고 좌로 이동시켜려면 그 반대방향으로 조정한다.

개머리판은 휴대가 용이하도록 접철식으로 되어 있으며 접을 때에는 개머리판을 아래쪽으로 눌러 접는다. 펼 때에는 역순으로 하되 무리한 힘을 가하지 않아

33) 대한민국 육군, 『K1 · K2 · K2C1』 (2022), p. 2-15.

야 한다.

방아쇠울은 타원형 형태로 방아쇠를 보호할 수 있도록 부착되어 있다. 날씨가 매우추운 혹한기나 특수한 상황에서 장갑을 끼고 사격을 할 경우에는 방아쇠울 멈치를 누르고 손잡이 방향으로 개방하여 사격할 수 있도록 조작한다.

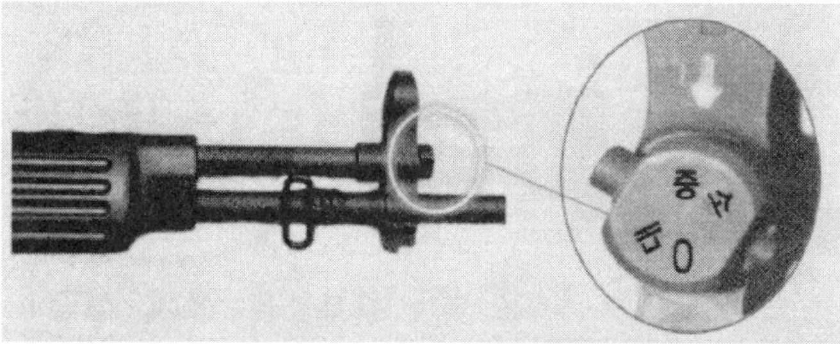

가스조절기는 사격시 방출되는 가스의 일부가 총기 내부로 유입되는데, 이때 유입되는 가스의 양을 조절하기 위해 사용한다. 가스조절기멈치를 누르고 가스조절기를 돌려 가늠쇠울에 표시되어 있는 화살표에 대, 중, 소, 0 중에서 원하는 문자를 일치시켜 사용한다. 이때 각 문자의 의미는 유입되는 가스의 양의 많고 적음을 의미한다. 따라서 혹한이나 모래, 먼지, 강우 등 악조건에서 노리쇠의 후퇴가 잘 안될 경우에는 '대'를 선택한다. 한반도 기후의 평시에는 '중'에 위치시키면 되며, '소'는 고온의 기후에 선택하고 '0'는 총구에 총류탄을 끼워 사격시에 사용한다.

나 기능

기능이란 소총의 목적인 사격이 가능하도록 탄알이 발사되고 발사된 이후에 사용된 탄피가 소총에서 제거되어 다음 사격이 준비되도록 하는 과정에서 일어나는 기계적인 단계별 작동을 의미한다. 각 단계는 송탄 - 장전 - 잠김 - 발사 - 풀림 - 추출 - 방출 - 공이치기 잠김의 8단계로 구분되며, 순서대로 순환된다.

송탄은 탄알을 노리쇠집뭉치 전진로상으로 올려 보내는 기능을 말한다. 장탄된 탄알집을 소총에 결합하고, 노리쇠집뭉치를 후퇴시키면 탄알집 용수철의 힘에 의해 제일 위의 탄알이 위로 올라와 노리쇠집뭉치의 전진로상에 놓이게 된다.

장전은 약실 내부로 탄알을 밀어 넣어주는 기능이다. 노리쇠집뭉치가 복좌용수철의 팽창하는 힘에 의해 전진하면서 전진로상에 올라와 있는 탄알을 약실로 밀어 넣어 장전된다. 동시에 갈퀴가 탄알의 홈을 물고 노리쇠집 하단이 차개용수철을 압축한다.

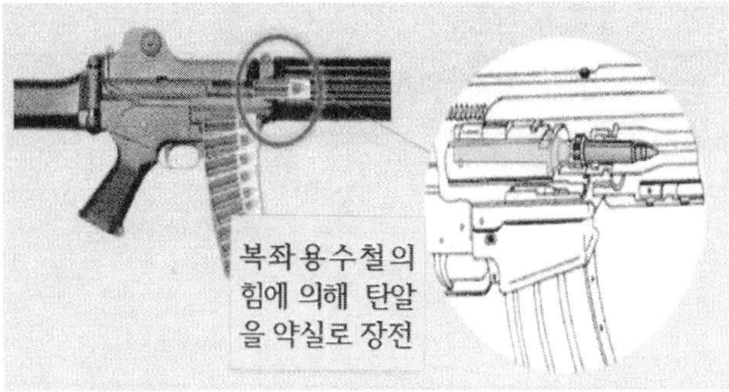

잠김은 노리쇠뭉치 선단의 돌출부분이 약실홈에 결합되어 탄알을 약실 내에 고정시키는 것을 의미한다. 노리쇠뭉치가 돌아가면 노리쇠가 감기게 되어 발사준비가 완료된다.

발사는 방아쇠를 당겨 격발을 하면 이뤄진다. 격발을 통해 공이치기에 충격을 받은 공이가 탄알의 뇌관을 때리고 탄알 내부의 장략이 폭발하면서 발생하는 가스의 압력으로 탄두를 추진하게 된다. 이때 발생한 가스의 일부는 총열위의 가스구멍을 통해 가스통으로 들어가서 가스활대를 후퇴시켜 동시에 노리쇠집 뭉치도 후퇴한다.

풀림은 노리쇠가 약실홈에서 이탈하는 기능을 말한다. 노리쇠집뭉치가 후퇴할 때 윗면의 홈이 노리쇠돌림못을 작동시켜 노리쇠뭉치를 회전시켜 잠김이 풀리게 된다.

추출은 발사된 탄피를 약실에서 밖으로 끌어내는 기능이다. 노리쇠뭉치 선단의 갈퀴가 탄피홈을 물고 노리쇠집뭉치와 함께 후퇴하면서 탄피를 끌어낸다.

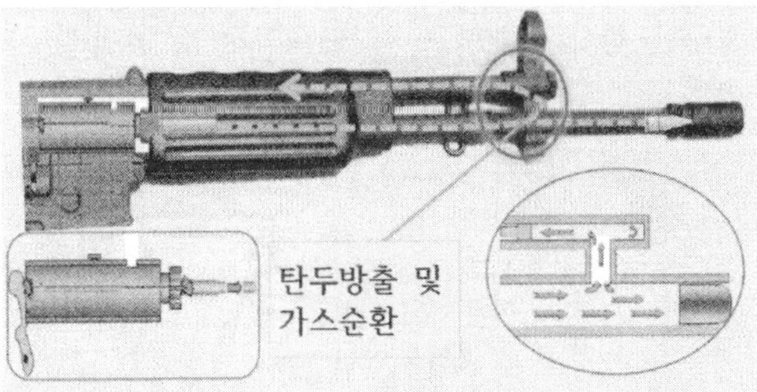

방출은 차개가 탄피를 총몸 밖으로 튕겨내는 기능이다. 추출기능으로 탄피가 방출구에 도달하면 차개용수철이 팽창되어 차개가 탄피 후미의 좌측을 치게 되어 총몸 밖으로 방출한다.

공이치기 잠김은 노리쇠집뭉치가 후퇴하면서 공이치기용수철을 압축하여 공이치기가 뒤로 넘어가 방아쇠연결쇠에 걸리는 기능을 말한다. 방아쇠를 놓기 전에는 공이치기의 중간턱이 단발자에 걸리며 방아쇠를 놓으면 공이치기는 단발자에서 풀려나 방아쇠턱에 걸리게 된다.

〈영상 8〉 소총의 작동원리[34]

4. 손질 및 정비

가. 손질

소총은 무기의 일종으로서 항상 정상적인 조작이 가능하고 기능을 유지하여 유사시 즉각 사용할 수 있도록 손질하여 관리해야 한다.

손질을 하기 위해서 필요한 손질도구에는 좌측 그림[35]에서 보듯이 ①총몸손질솔, ②총강손질솔, ③약실손질솔, ④꽂을대, ⑤손질포, ⑥기름통 등이 있다. 손질도구는 항상 휴대하고 각 도구의 용도에 맞게 사용해야 한다.

34) https://www.youtube.com/watch?v=nxqla_TSEU8(검색일: 2025.7.22.)

35) https://search.naver.com/search.naver?ssc=tab.image.all&where=image&sm=tab_jum&query=총기+손질도구#imgId=image_sas%3Anshopping_7fbc6b6c3beaa2bd26538f068f62c591(검색일: 2025.7.9.)

〈그림 6〉 총기 손질도구 세트

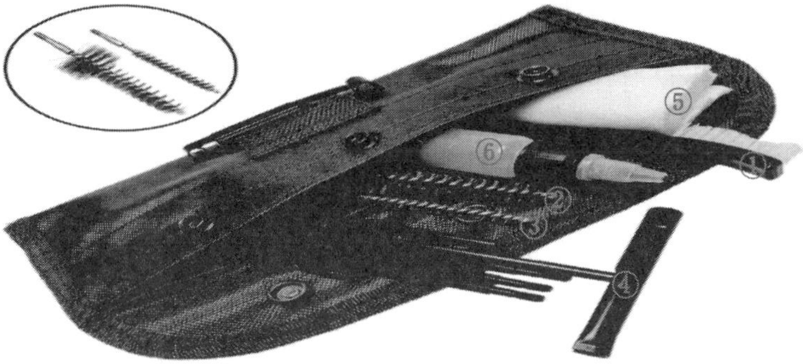

평상시 손질은 약실과 총강의 오물을 제거하고, 활동부위를 손질하며 기름칠을 하여 잘 닦아내서 깨끗하게 손질한다. 사격전에는 약실 및 총강의 기름을 제거하고, 노리쇠집뭉치 등 활동 부분에 기름을 칠하며 탄알집도 손질한다. 사격이 끝난 후에 실시하는 총기손질이 매우 중요하다. 이때에는 약실과 총강 내부의 탄약찌꺼기를 제거하고 노리쇠집뭉치를 분해손질하며 활동부분을 손질하고 기름칠하며 외부와 탄알집도 손질한다.[36]

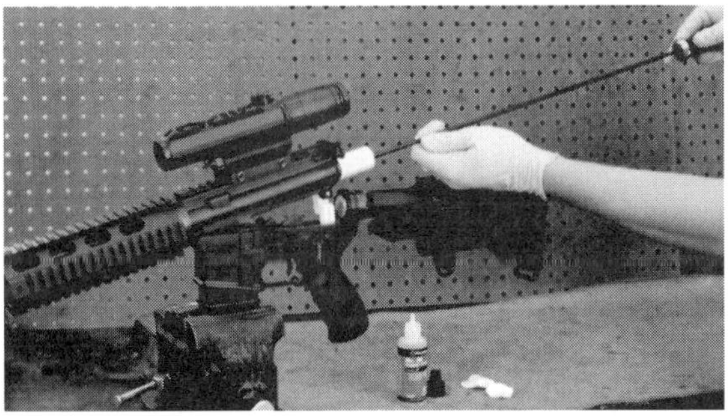

약실 손질은 손질솔을 꽂을대에 끼워 강중유[37]를 적신다음 약실에 넣어 닦아낸다. 사격직후에는 필히 강중유를 반드시 사용하여 부식을 방지해야 한다. 마른 손질포를 꽂을대에 끼워 손질포가 깨끗하고 마른 상태로 나올 때까지 반복해서 닦아낸다.

총강 손질시에는 총구가 확장되지 않도록 어댑터를 결합하기도 하며, 총강 손질솔을 꽂을대에 끼워 강중유를 적신 후 약실 쪽에서 총구 밖까지 밀어내며 닦아낸다. 마른 손질포가 깨끗하고 마른 상태가 될 때까지 반복해서 닦아낸 다음 윤

36) 이하 손질에 관한 세부 내용은 대한민국 육군, 『K1 · K2 · K2C1』 (2022), pp. 2-28~2-29의 표를 참조하여 정리.

37) 강중유(RBC: Rifle Bore Cleaner)는 사격하고 난 뒤 화기에 남은 탄매를 제거하는 용도로 사용함, https://blog.naver.com/sapper9/221992933575(검색일: 2025.7.9.)

활유[38]를 엷게 칠한다.

가스통뭉치 손질은 강중유를 손질포에 적신 후 피스톤 작동부 구멍을 닦아낸 다음 윤활유를 엷게 칠한다. 가스조절기의 가스구멍에 남은 탄약찌꺼기를 강중유를 적신 총강손질솔을 사용하여 완전히 제거한다. 그리고 나서 강중유를 완전히 닦아내고 윤활유를 엷게 칠한다.

위총몸뭉치 손질은 손질포에 강중유를 역간 적셔 복좌용수철 및 밀대뭉치, 가늠쇠, 덮개 내·외부를 닦는다. 가스활대 내부구멍도 손질하고 닦는다. 그런후 마른 손질포로 각 부품에 묻은 강중유를 닦아내고 윤활유를 엷게 칠한다. 가늠쇠부분의 야광유리관은 훼손되지 않도록 손질포나 면봉 등으로 가볍게 손질한다.

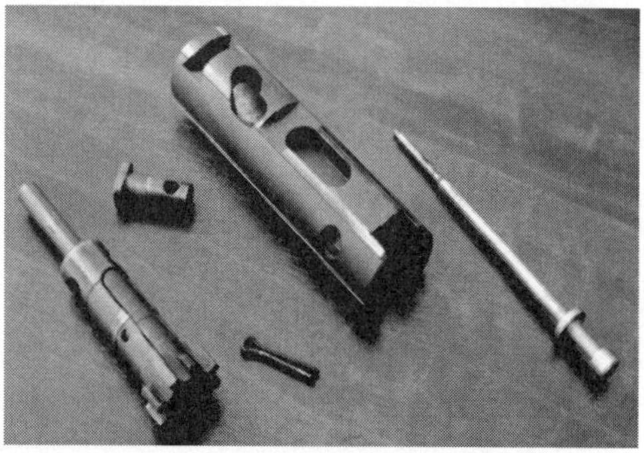

노리쇠집뭉치 손질은 우측 사진[39]과 같이 분해하여 강중유에 적신 총강손질솔로 노리쇠집 내부와 노리쇠잠금턱, 갈퀴, 공이, 공이구멍을 닦아낸다. 갈퀴는 분해 후 손질솔을 이용하여 손질한다. 그리고 마른 손질포로 남은 노리쇠집뭉치에 남은 강중유를 닦아내고 윤활유를 엷게 칠한 다음 윤활유를 한방울 떨어뜨린다.

아래총몸뭉치 손질은 각 부품을 강중유에 적신 손질포나 총몸손질솔로 닦는다. 마른 손질포로 각 부품에 묻은 강중유를 닦아내고 윤활유를 엷게 칠한다.

멜빵 손질은 멜빵에 묻은 오물과 기름, 그리스 및 곰팡이 등을 제거하고 필요하면 비눗물로 세척한 다음 건조시킨다. 멜빵줄임쇠는 손질포에 강중유를 약간 적셔 닦고 윤활유를 엷게 칠한다.

탄알집 손질은 탄알집을 분해하여 강중유에 적신 손질포로 탄알받침, 탄알집 용수철, 탄알집 외부를 닦는다. 마른 손질포로 강중유를 닦아낸 다음 탄알집 용수철에 윤활유를 엷게 칠한다.

---

38) 윤활유(LSA: Lubricant, Semi-fluid, Automatic weapons)는 강중유로 탄매를 제거하고 깨끗이 닦아낸 뒤 도포하는 기름,
https://blog.naver.com/sapper9/221992933575 (검색일: 2025.7.9.)

39) https://blog.naver.com/seobee1204/220798731422(검색일: 2025.7.9.)

나. 정비

정비(整備)란 기계나 설비가 제대로 움직이는지를 보살피고 고장난 부분을 수리하는 것으로 고장이 나지 않도록 평소에 예방하는 예방정비와, 고장이 났을 때 이를 조치하는 것을 포함한다. 물론 심각한 고장이 났을 경우에는 정비창으로 보내 수리를 하는 정비의뢰를 하지만 간단한 고장은 직접 조치할 수 있는 능력을 갖추어야 한다.

예방정비는 평소 손질과 병행하여 각 부품의 이상유무를 점검해야 한다. 총열은 균열 및 부식상태와 총강과 약실 내의 오물여부를 확인하여 조치한다. 노리쇠집뭉치는 원활한 작동여부를 점검하고 사격시 발생된 탄약의 찌꺼기를 제거하고 기름을 친다. 조정간의 기능이 원활하게 작동하는 지를 점검하고 윤활유를 엷게 칠하며, 가스조절기도 손질 방법대로 잘 관리한다.[40]

위총몸뭉치와 아래총몸뭉치는 조정간, 총몸분리못 및 방아틀뭉치의 기능도 점검하고 손질 및 주유한다. 가늠쇠울은 야광가늠쇠의 이상유무를 점검하고 이상시 정비의뢰한다. 가늠자뭉치의 작동상태를 유지해야 하며, 소염기는 풀어져 있지는 않은지 확인한다. 탄알집의 손상여부와 탄알집제거누름쇠의 기능을 점검하고 손질한다.

사격을 실시할 때 사격이 되지 않을 경우에는 우선은 응급조치 즉, 탄알집제거, 노리쇠후퇴전진 및 격발을 통해 1차적으로 조치한다. 그러나 이런 조치를 하고도 해소되지 않으면 탄알이 발사되지 않는 원인을 찾고 조치해야 한다. 주로 앞에서 이미 살펴본 송탄, 장전, 잠김, 발사, 풀림, 추출, 방출, 공이치기 등 8대 기능의 불능에 대한 조치로 대부분 해결된다.

송탄불능은 그 원인으로는 탄알집 용수철의 탄력성 결함, 오염 및 부식된 탄알집, 오염 및 부식된 탄알 등이다. 이를 조치하기 위해서는 탄알집을 손질 또는 교환하거나 필요시 탄알을 교환해야 한다.

장전불능은 약실 안의 탄매 누적이 원인일 경우 약실을 손질하고, 복좌용수철 및 밀대뭉치의 기능장애가 있으면 복좌용수철 및 밀대뭉치를 손질하거나 교환하며, 손상된 탄알이 원인이면 탄알을 교환하여 조치한다.

40) 이하 정비에 관련된 내용은 대한민국 육군, 『K1 · K2 · K2C1』 (2022), pp. 2-31~2-33의 표를 참조하여 정리.

잠김불능은 총열잠금턱의 오염, 부식 및 탄매의 누적일 경우 총열잠금턱을 손질하고, 복좌용수철 및 밀대뭉치의 기능장애가 원인이면 및 주유하며, 노리쇠집뭉치의 활동장애가 있으면 그것을 손질하고 주유하여 조치한다.

발사불능에 대해서는 공이 파손이 원인이면 공이를 교환하고, 공이의 결합이 불량일 경우 정확하게 재결합한다. 그리고 탄알의 결함이면 탄알을 교환하여 조치하고 공이치기용수철이 약화되었다면 그것을 교환하며, 노리쇠집뭉치의 전진불능이 있으면 복좌용수철 및 밀대뭉치를 교환하여 조치한다.

풀림불능은 노리쇠집뭉치와 약실에 탄매가 누적되어 발생하므로 분해하여 노리쇠집뭉치와 약실을 손질하여 조치한다.

추출불능은 약실안의 탄매 누적시에는 약실을 손질하고, 갈퀴홈 및 갈퀴턱에 탄매가 누적되었으면 갈퀴를 손질하고 강중유로 닦아주어 조치한다. 갈퀴, 갈퀴용수철, 갈퀴멈치못의 결함시에는 갈퀴를 교환하며 오염 및 부식된 탄알이 원인이면 탄알을 교환하여 조치한다.

방출불능의 경우는 파손된 차개는 교환해주고 갈퀴 및 차개용수철이 파손되었으면 교환하며 갈퀴용수철 또는 차개용수철에 가스 및 오물이 누적되었으면 손질하여 조치한다.

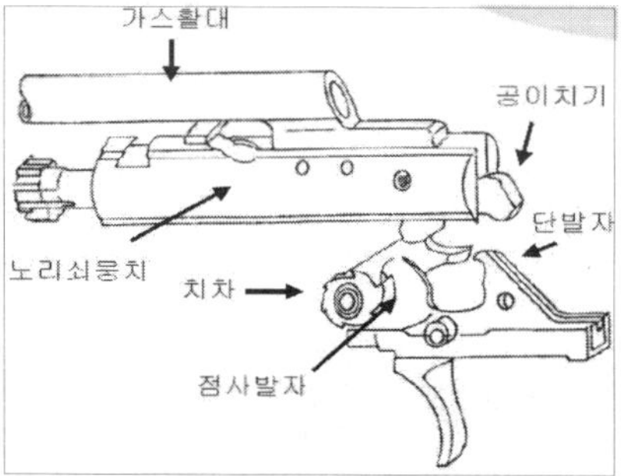

공이치기잠김불능은 공이치기가 마모되었거나 방아쇠연결쇠가 마모다면 정비를 의뢰해야 한다. 그림[41]에서 보듯이 공이치기와 방아쇠를 연결하는 치차의 톱니가 마모되었거나 단발자가 마모되어 기능을 하지 못할 수 있으므로 정비의뢰해서 필요시 부품을 교체해야 한다.

그 외에도 개머리판, 조정간회전, 야광가늠쇠 부식 등의 경우에는 손질해도 안되는 경우 정비의뢰 조치한다.

41) https://cafe.naver.com/nuke928/118470?art=ZXh0ZXJuYWwtc2VydmljZS1uYX Zlci1zZWFyY2gtY2FmZS1wcg.eyJhbGciOiJIUzI1NiIsInR5cCI6IkpXVCJ9.eyJjYWZlVHlwZSI6IkNBRkVfVVJMIiwiY2FmZVVybCI6Im51a2U5MjgiLCJhcnRpY2xlSWQiOjExODQ3MCwiaXNzdWVkQXQiOjE3NTIwNTEwNTc4NTB9.wwWGHHEkGb4ge8iG_mQxXgNQwc7RqhCWvIMvIT-F8us(검색일: 2025.7.9.)

5. 조준 장비

과학기술의 발달에 따라 소총에도 광학장비를 이용하여 조준을 쉽고 정확하게 향상시키는 추세가 가속화되고 있다. 대한민국 국군은 개인화기조준경(PVS-11K)를 2011년부터 2년 동안 야전운용 시험평가를 실시한 후 2013년부터 보급해서 사용해 오고 있다. 개인화기조준경을 장착한 경우와 그렇지 않은 경우를 비교했을 때 신속성은 최대 37%, 명중률은 최대 10% 향상됐다고 한다. 특히 단안형 야간투시경(PVS-04K)까지 부착할 경우 야간사격 명중률은 조준경 장착 시 100m 표적은 92%, 200m 표적은 83.8%를 제압하는 것으로 평가되었다.[42]

주야간조준경은 소총에 고정 장착하여 사용하는 조준장비로서 사수의 접용점 위치에 상관없이 조준점을 표적에 일치시켜 간단하게 정조준 할 수 있다. 야간전투 시에는 주야간조준경에 야간투시경을 추가 장착하여 사용할 수 있다. 다만, K2소총에 장착하기 위해서는 장착대를 결합하여야 한다. 이때 소총 상단에 있는 조준경 나사를 일(一)자 드라이버로 제거하고 장착대의 볼트 구멍을 조준경나사 구멍과 일치시킨 후 둥근 머리렌치볼트로 결합하면 된다.

〈사진 6〉 PVS-11K PVS-04K를 장착한 K2소총[43]

주야간조준경의 제원으로는 조준방식은 조준점(Dot) 형식이고 밝기를 야간 1~5단계, 주간 6~13단계로 조절이 가능하다. 배율은 1배율로서 장거리 저격용에는 부적합하며 12°의 시계를 가진다. 관측거리는 야간투시경 장착시 300m가

42) https://www.newdaily.co.kr/site/data/html/2013/06/11/2013061100044.html (검색 일: 2025.7.10.)

43) https://librewiki.net/wiki/PVS-11K(검색일: 2025.7.10)

적합하고 전원은 AA형 1.5V 건전지 2개가 필요하며 48시간 이상 가용하다.

그런데 육군은 2018년부터 좌측 그림[44]과 같이 급속히 발전하는 과학기술에 따라 워리어플랫폼이라는 용어를 사용하여 미래형 전투체계를 갖추면서 조준장비도 획기적으로 개선을 추진하고 있다. K2C1이 채택하고 있는 피카티니레일에 올릴 수 있는 주야간 ⑤레이저표적지시기와 함께 작동 시간을 5만 시간까지 늘리면서 렌즈 광점을 이용한 ④조준경, 그리고 여기에 더해 원거리 사격이 가능하도록 3배율 ⑥확대경을 탑재토록 추진하고 있다.

그러나 2025년인 현재에도 편제되지 않고 있는 상황이며 국방예산 집행의 문제, 나날이 발전하는 상용장비 등을 신속하게 전력화할 수 없는 규정상 제한 등은 여전히 극복해야 할 과제이다.

〈영상 9〉 워리어플랫폼 체험[45]

44) https://blog.naver.com/mc341/221340953438(검색일: 2025.7.10.)
45) https://m.ktv.go.kr/program/again/view?content_id=558931(검색일: 2025.7.10.)

제2장

사격술 이론: 원리와 심리

제1절 사격술 원리
제2절 사격 심리

제2장

사격술 이론: 원리와 심리

제1절 사격술 원리

사격은 한자로 射擊으로 쏘다(射)와 부딪히다(擊)가 결합된 의미의 단어이다. 즉, 무언가를 쏘아서 원하는 표적에 부딪히게 하는 것이다. 따라서 단순히 쏜다는 것은 사격에서 반 정도의 의미라고 볼 수 있다. 쏘아서 표적을 명중시키는 행위가 사격의 완전한 의미이다. 소총 사격을 위한 실제적 기술들은 다음 장에서 설명할 것이지만 기본 원리가 되는 탄도곡선, 표적의 인식, 조준의 원리는 표적을 명중시키는 기본이므로 먼저 여기에서 살펴보고자 한다.

1. 탄도곡선

탄환이 탄알에서 출발하여 표적에 이르기까지 단순하게 생각하면 직선으로 날아가는 것처럼 보이지만 실상은 그렇지 않다. 즉, 탄환은 상하 곡선을 그리면서 나아가게 된다. 게다가 그 곡선은 탄알을 KM193을 사용할 때와 K100을 쓸 때 미세하게 다른 포물선을 그리게 된다. 이 포물선은 시험하는 지역의 환경과 대기상태 즉, 기압, 고도, 습도 등에 의해 영향을 받으며 특히 가늠자의 상하조정쇠(제1장 2절의 내용을 참고)를 선택하는 것에 따라 다르게 나타난다.

가. KM193탄 사용시

K2소총으로 가늠자의 상하조정쇠를 2.5에 맞추었을 때 KM193을 사용할 경

우 격발되면 탄환은 총열 안에서는 총열을 따라 직선으로 이동하다가 총구에서 나오면서 강한 초기 추진력에 의해 상향으로 솟구치는 형태로 날아간다. 즉, 출발점인 총구에서는 조준점 즉, 가늠자와 가늠쇠의 위치와 총구는 약 5.7cm의 고저 차이가 있으므로 조준선의 수평보다 5.7cm 하단에서 출발한다. 25m 전방 지점에서는 상향으로 날아가던 탄환이 4.4cm 높아진 즉, 조준선 수평에서 약 1.1cm 하단에 도달하게 된다. 이후 100m 전방에서는 수평에서 약 7.9cm 더 높게 도달하고, 200m 지점에서는 수평에서 약 7.1cm 상단에 도달한다. 이후 추진력은 약해지고 중력이 작용하면서 계속 하강하여 250m 사거리에서는 조준선의 수평과 대략 일치하게 되며 그 이후에 계속 하강하게 되어 사거리 300m에서는 조준선 수평보다 10.5cm 하단에 이른다. 표적의 위치에 따라 상하조정쇠를 4에 선택하면 사거리 400m에서 조준선 수평에 일치하며, 5에 위치하면 사거리 500m에서 조준선 수평에 일치하게 된다.

〈그림 7〉 KM193탄 사용시 K2소총 탄도곡선[1)]

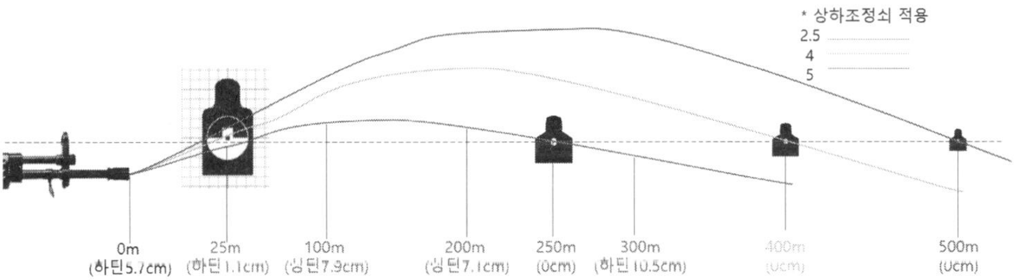

사거리(m) / 상하조정쇠	0	25	100	200	250	300	400	500
2.5	-5.7	-1.1	7.9	7.1	0	-10.5	-	-
4	-5.7	0.1	12.6	16.1	10.9	6.4	0	-
5	-5.7	2.0	25.5	37.9	38.2	32.7	26.2	0

나. K100탄 사용시

탄알을 K100으로 사용할 경우에는 KM193을 사용했을 때와는 또 다른 곡선

1) 박춘배 편저, 『군사학(下)』 (법률시대, 2003), p. 64; 육군본부, 『병기본』 (2011), p. 26; 육군교육사령부, 『국가와 안보 II』 (2023), p. 부록 3-32. 등을 참고 필자 재구성.

을 그리게 된다. K2소총에 상하조정쇠를 2.5로 맞추어 K100탄을 사격하게 되면 50m 사거리에서 조준선 수평보다 0.5cm 하단에 맞게 된다. 100m 사거리에서는 조준선 수평보다 1.7cm 상단에, 150m 사거리에서는 0.9cm 상단에 맞는다. 이후 계속 하강하여 200m 사거리에서는 조준선 보다 3.9cm 하단에, 250m 사거리에서는 12.7cm 하단에 이르게 된다.

K2C1의 경우에는 또 상이하며 조준선 수평과 총구의 편차도 6.4cm로 K2소총에 비하여 더 크다. K2C1을 상하조정쇠 2.5로 K100탄약으로 사격을 할 경우 50m 사거리에서 조준선 수평보다 1cm 하단에 맞게 된다. 100m 사거리에서는 조준선 수평보다 1.4cm 상단에, 150m 사거리에서는 0.2cm 하단에 맞는다. 이후 계속 하강하여 200m 사거리에서는 조준선 보다 4.8cm 하단에, 250m 사거리에서는 14.4cm 하단에 이르게 된다.

〈그림 8〉 K100탄 사용시 K2, K2C1 탄도곡선[2)]

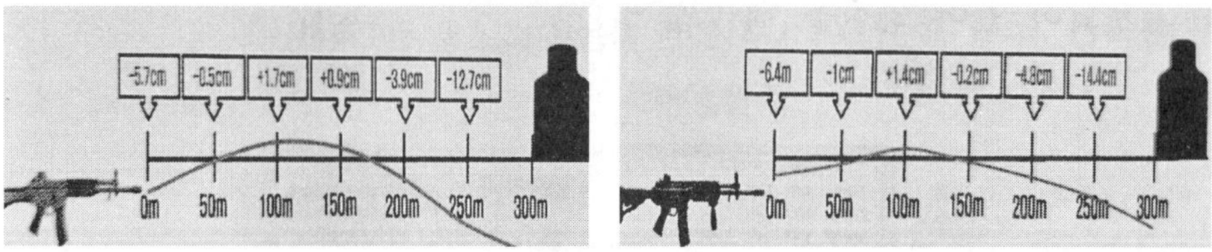

탄도곡선이 발생하는 이유를 설명하는 데에는 비행체의 양력, 탄환의 추진력과 회전력, 물체의 중력 등 다양한 요인들이 존재하는데 가장 큰 영향을 미치는 추진력과 중력으로 쉽게 이해할 필요가 있다. 왜냐하면 탄환은 총구를 벗어나게 되면 수평으로 탄환을 밀어내는 추진력은 점차 감소하며 감소한 추진력만큼 수직으로 떨어지게 만드는 중력은 점점 크게 작용하기 때문이다. 이를 이해함으로써 사거리가 먼 표적에 대해서는 그만큼 감각적으로 조준점을 높여서 원하는 곳을 명중시킬 수 있다.

그리고 조준선과 총구의 차이와 사거리에 따른 표적의 거리를 고려하여 사실상 총구가 미세하게 상향으로 지향된다는 점을 이해해야 한다. 따라서 사격자는 〈그림 9〉와 같이 표적을 명중하기 위한 이러한 기본적인 탄도곡선의 원리를 적

2) 육군교육사령부, 『국가와 안보 II』 (2023), p. 부록 3-32, K100탄 사용시 탄도곡선은 제4장 영점사격에서 자세하게 다룬다.

용할 수 있어야 한다.

〈그림 9〉 표적 명중을 위한 탄도곡선 원리의 적용[3]

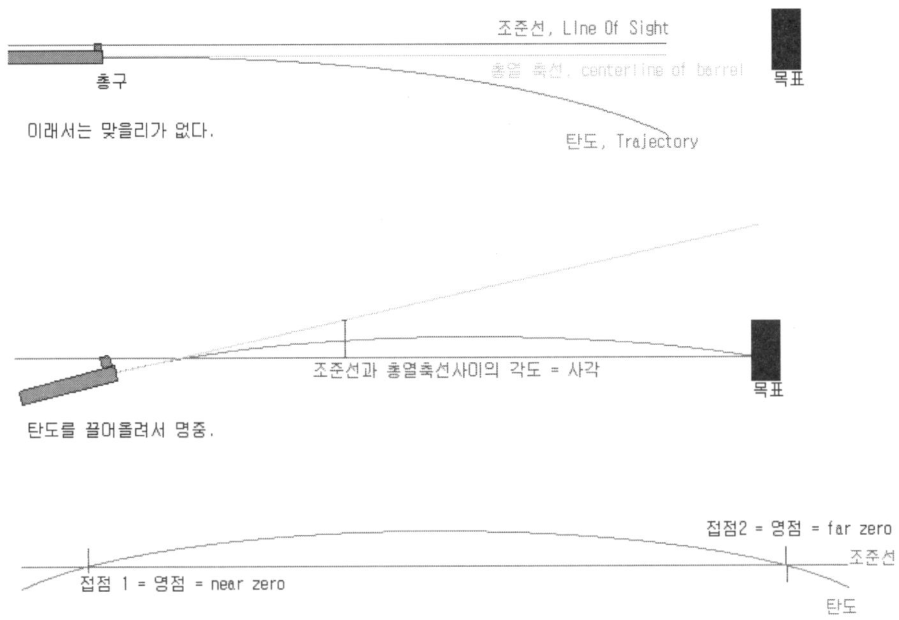

K2소총은 구조적으로 KM193 탄약을 사용하여 25m와 250m에서 접점(조준점과 탄착점이 일치하는 지점)이 생기도록 생산되었다. 따라서 K100탄을 사용했을 때 접점은 그래프를 보면 대략 55m와 170m 사거리에서 접점이 형성된다. 근래 100탄을 주로 사용하는 현실을 고려하여 제4장의 제1절 영점사격에서는 K100탄을 사용한 탄도곡선을 더 분석하여 탄도곡선을 활용한 사격방법을 제시하였다.

2. 표적 인식: 눈의 기능, 뇌의 반응과 훈련

사격에서 눈의 중요성은 매우 높다. 사람은 활동을 하면서 시각에 의존해서 이뤄지는 것이 85% 정도로 직접적 영향을 미친다. 그런데 표적과 가늠쇠 및 가늠자를 정확히 일치시켜야 하는 사격만큼 시각에 결정적인 것은 없을 것이다. 그

3) https://namu.wiki/w/직접%20타도%20거리

만큼 시력이 좋다면 사격에서 표적을 제압할 가능성이 높아진다. 시력은 유전적인 요소가 크지만 훈련을 통해서 향상되기도 한다.

가. 눈의 기능

눈의 구조를 살펴보면 뇌와 연결된 감각기관으로 빛을 인지하는 125만개의 광수용체라는 신경세포로 구성되어 있다. 이들이 전기적 신호를 만들어 뇌에 자극을 전달하고 시각 영상을 만들게 된다. 안구는 액체로 채워진 구체로 앞쪽으로는 작은 구멍의 동공이 있으며, 동공의 크기를 조절하는 홍채가 빛의 양을 조절한다. 뒤쪽에는 신경세포막인 망막이 있는데 일부는 황반이라고 불리는 빛에 대단히 민감한 부분이 있다. 그리고 그 사이에 수정체가 있으며 빛의 초점을 맞추는 역할을 한다.

〈그림 10〉 눈의 구조[4]

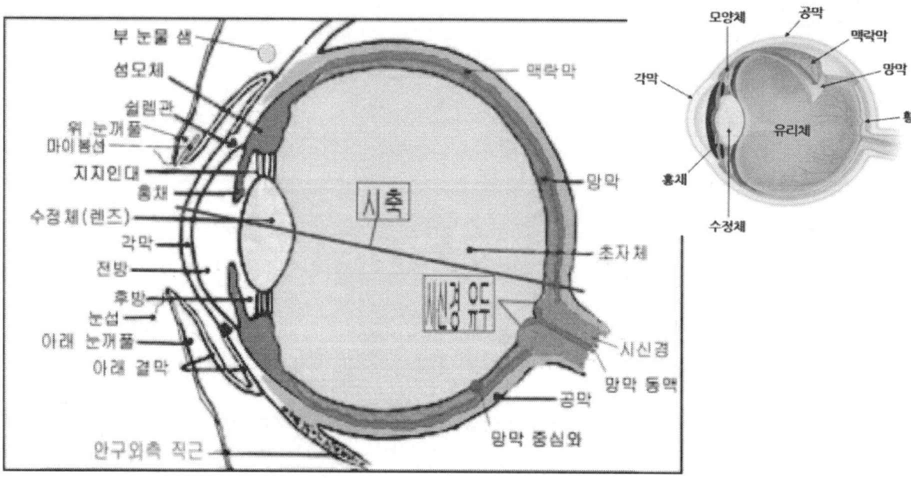

이들의 기능을 효율적으로 하기 위해 7개의 근육이 눈의 활동에 관여한다. 속눈썹은 눈의 수정체 조절 책임으로 눈의 안쪽에 있으며 그외 다른 6개의 근육이 더 작동한다. 이 근육들이 안구에 붙어 흩고, 고정시키고, 따라가고, 모으고, 분기하는 등의 모든 작동을 담당한다. 이런 근육이 잘 작동되도록 하는 것이 중요하다. 보통 2.0/2.0의 시력이라면 각도 1분을 섬세하게 관찰할 수 있는 능력을

4) https://blog.naver.com/n_young037/223643955681(검색일: 2025.7.21.)

지닌다. 시력이 그 정도가 안되더라도 주변 인식, 움직임 추적, 한점을 집중, 다른 감각 능력과 결합된 깊은 지각력 등에 의해 보완되거나 훈련될 수 있다.

선명한 시력은 각막과 수정체의 능력 상태에 따라 달라지며 가시적 물체의 반사된 빛이 망막에 모일 때 초점이 맞으면 선명한 이미지가 된다. 사격과 관련되어 눈이 하는 역할의 가장 중요한 것이 선명한 시야이며, 그 외에 표적 직관속도, 주변인식, 눈이 피로조절, 균형과 통합, 초점유지, 물체 추적, 눈과 손의 협력, 깊은 지각력, 가시화, 시각 집중 등이 있다. 더 나은 시력을 갖기 위해 부단한 시각 훈련이 필요하다.

시력이 좋지 않은 경우 안경을 쓰게 되며 안경은 시력을 보완하고 직접 눈으로 비산하는 이물질을 막는 역할도 할 수 있다. 그러나 접용점이 너무 가까울 경우 격발시 반동에 의해 안경알이 깨질 수 있으므로 적절한 접용점을 유지해야 한다.

나. 뇌의 반응과 훈련

망각에서 연결된 시신경은 망막에서 시작되어 나온 신경섬유로 시각피질과 연결된다. 시각신경은 감각신경으로, 시각의 흥분을 전달하며, 망막을 통해 들어온 시각 정보를 전기적 자극을 통해 대뇌의 후두엽으로 전달한다.

눈은 단순히 우리가 세상을 보는 감각기관에 그치지 않으며, 사실 눈은 뇌의 연장선에 있는 중요한 부분이기도 하다. 우리가 어떤 물체를 보고 초점을 맞추거나 움직임을 따라갈 때, 뇌는 즉각적으로 반응해 정보를 처리하고 판단을 내리게 된다.

이와 같은 건강한 신경조직이 이상없는 상태에서 만약 약해진 시력을 회복하기 원한다면 뇌내시력 회복법을 적용해야 한다. 눈의 초점을 컨트롤하는 섬모체 근육이 제기능을 하도록 훈련해야 한다. 근육을 움직이지 않으면 능력이 없어지는 게 당연하고 안경의 힘을 빌려야만 한다면 계속 안경에 의존하면서 눈의 기능을 잃게 된다. 스스로 선명하게 볼 수 있을 것이라고 설득시키면서 포기하지 말고 지속적으로 반복해서 섬모체 근육이 재활성화 되도록 해야 한다.

〈그림 11〉 눈과 뇌의 연결[5)]

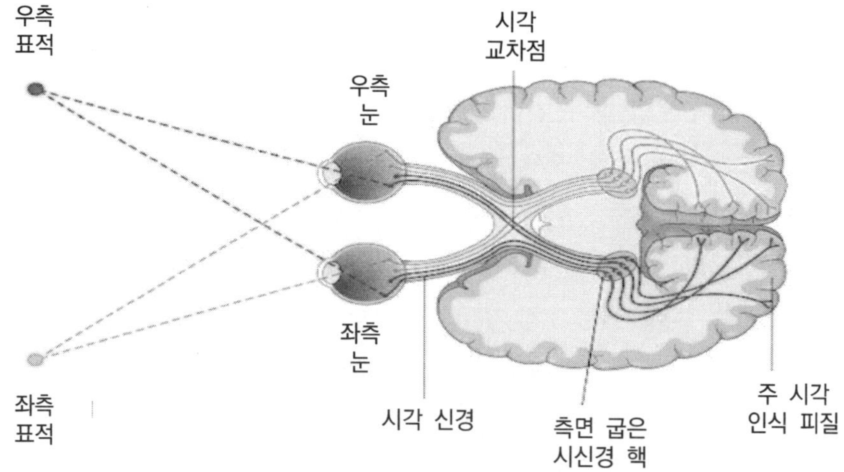

〈영상 10〉 눈과 뇌의 연결 쉽게 이해하기[6)]

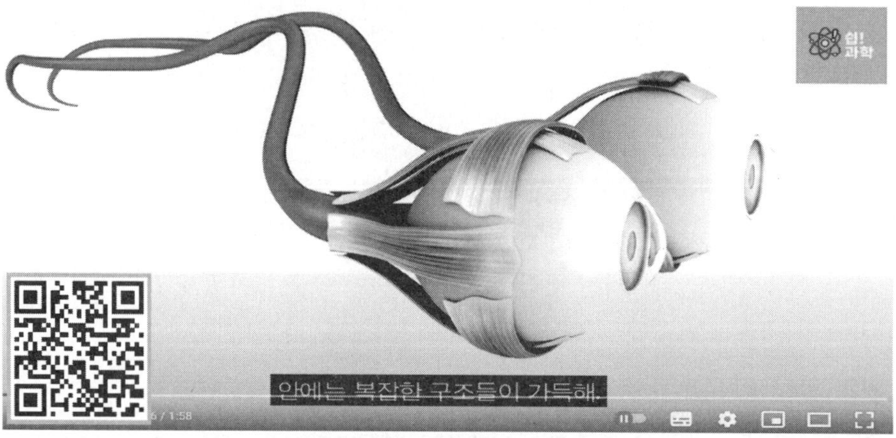

중요한 것은 눈의 움직임과 시선의 변화가 뇌의 특정 영역을 자극해 인지능력을 향상할 수 있다는 것이다. 실제로 안구 운동은 뇌를 훈련하고 스트레스를 줄이는 데에도 효과적이다. 반복적인 스트레칭이나 초점 전환을 활용하면 신경계가 더욱 효율적으로 작동하도록 도울 수 있기 때문이다.

손쉽게 실천할 수 있는 시각 훈련으로 매일 10분 정도 간단한 안구 운동을 추

5) https://blog.naver.com/nxa912/220281021342(검색일: 2025.7.21.)
6) https://www.youtube.com/watch?v=EHq0Ol4AcGU(검색일: 2025.7.22.)

가할 수 있다. 출퇴근길, 그리고 장시간 일하다 보면 눈이 쉽게 피로해지곤 했는데 이때 딱히 어려운 준비물 없이 실내에서도 바로 할 수 있는 눈 훈련(운동)을 몇 가지 소개한다.[7)]

① 초점 전환 운동(근거리와 원거리 번갈아 보기): 가까이 있는 사물(예: 펜 끝)을 몇 초간 보다가, 멀리 보이는 물체(예: 창밖의 나무나 건물)를 바라보는 것을 반복, 이 과정에서 눈의 초점 조절 능력이 크게 개선될 수 있다. 2020 규칙이라고도 하는데, 20분마다 20초씩 20피트(약 6미터) 떨어진 곳을 보는 것을 반복하면 눈의 피로를 줄이는 동시에 뇌의 집중력을 깨우는 데도 효과적이다.

② 안구 스트레칭: 먼저 눈만 상하좌우로 천천히 움직이면서 눈의 근육을 스트레칭하고, 8자 운동이라고 해서 눈을 가로로 8자 모양으로 움직이는 훈련을 하면 시력 안정에 효과적이다.

③ 깜빡임 훈련: 무시할 수 없는 것이 바로 깜빡임이다. 현대인들이 스마트폰이나 컴퓨터를 볼 때 무의식적으로 깜빡임 횟수가 줄어들곤 하는데, 그래서 의식적으로 1분 동안 빠르게 깜빡이는 연습을 하면 좋다. 그리고 특히, 눈이 많이 건조한 느낌을 받는다면 30초 이상 길게 눈을 지긋이 감았다가 깜빡이기를 반복하면 눈물샘을 자극해서 눈의 작동을 원활하게 해 준다.

④ 좌우 교차 움직임 운동: 이 운동은 뇌의 좌우 반구를 활성화시키는 데 좋은 방법이다. 먼저 오른팔을 왼쪽 무릎에 가볍게 터치하고, 그다음 왼팔로 오른쪽 무릎을 터치하는 동작을 반복해 준다. 좌우를 교차하며 몸을 움직이면서 눈으로도 손과 무릎을 따라가도록 주의 깊게 움직이는 것이 중요하다. 이런 운동은 뇌와 신체를 동시에 사용하게 해 연결을 강화시킨다.[8)]

이러한 눈과 뇌의 연결된 신경 활동이 무리하면 휴식을 주고 필요할 때 안정적으로 자극을 유도함으로써 건강한 상태를 유지해야 전투시 사격에서 정확히 표적을 확인하고 가늠자와 가늠쇠를 일치시키는 제 기능을 발휘할 수 있다.

---

7) https://blog.naver.com/otk1s39pt2/223911652368(검색일: 2025.7.21.);
8) https://blog.naver.com/rrclootire51815/223930758945(검색일: 2025.7.21.)

3. 조준 원리

탄도곡선을 이해하고 표적 인식을 위한 눈의 기능과 뇌의 반응에 따라 정확한 사거리가 정해지면 그에 따른 가늠자의 상하조정쇠를 설정하게 된다. 여기에 더하여 조준 원리를 깨우친다면 정확한 조준선 정렬과 표적 정열이 가능해져 쏘아서 표적을 맞추는 사격의 본질에 한 발 더 다가가게 된다. 조준의 원리는 절대조준선과 실제조준선 사이에 격차가 있을 수 있다는 점을 이해하는 데에서 시작된다.

가. 절대조준선

절대조준선이란 영점이 획득된 소총을 고정장치대에 거치하여 가늠자 구멍의 중앙과 가늠쇠의 선단 및 표적의 조준점을 연결한 선을 의미한다. 즉, 소총이 완전히 고정되어 아무런 움직임이 없는 상태로 고정, 정지된 상태의 조준선이다. 예를 들면 일직선의 실을 연결하여 '가늠자 중앙 - 가늠쇠 선단 - 표적의 조준점'에 이르도록 펼쳤을 때를 의미하며 소총이 완전히 고정된 상태에서 기계적인 격발 장치를 통해 사격을 하더라도 명중하는 절대적 조준선을 말한다.

〈그림 12〉 절대 조준선[9)]

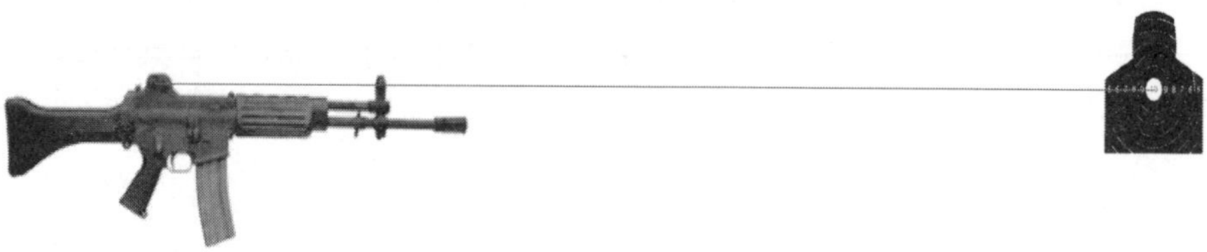

나. 실제조준선

사격수가 영점이 획득된 소총을 표적에 지향했을 때 형성된 눈과 표적의 조준점을 연결한 선으로 절대조준선과 일치했을 때 정확한 표적의 조준점에 명중할 수 있다. 그러나 실제로는 차이가 날 수밖에 없다. 왜냐하면 신체의 심장박동, 호흡 등으로 미세한 움직임이 계속 일어나기 때문이다. 특히 전투상황에서 공포와 역동적인 전투행위로 인한 움직임으로 소총을 완전하게 고정하는 것이 불가능에 가깝기 때문이다.

9) 필자 정리.

그러므로 전투상황에서는 표적을 정확히 명중하기 위해서는 신체가 움직이더라도 표적을 향한 절대조준선과 실제조준선이 수평을 유지하도록 하는 것이 중요하다. 즉, 상하좌우로 일정하게 수평을 유지함으로써 거리가 멀어지면서 발생하는 오차를 최소한으로 줄여주는 것이다. 절대조준선과 실제조준선의 수평유지를 하지 못한다면 사거리가 멀수록 탄착점의 오차가 비례하여 표적을 명중하기 어렵게 된다.

〈그림 13〉 절대조준선과 실제조준선 수평유지[10]

K2 및 K2C1 소총은 동심원 원리를 이용한 가늠자 및 가늠쇠의 조준선 정렬이 용이하게 되어 있어 눈으로 두 원의 상하좌우 간격을 일정하게 유지하면서 표적의 조준점을 가늠쇠의 선단에 올려놓는 것으로 절대조준선과 실제조준선을 일치시키게 된다. 이를 사격술 실제에서는 조준선 정렬 및 표적 정열이라고 하고 제3장에서 자세하게 다룬다.

주간과 달리 야간은 사람의 눈이 가지는 한계로 인해 가시영역에 확연한 차이를 나타낸다. 그러나 야간에 어두워 가늠자, 가늠쇠 및 표적이 잘 보이지 않는 상황에서도 사격술 원리는 동일하다. 게다가 최근 광학기술의 발달로 조명, 야간 감시장비가 널리 사용되고 있으므로 주간과 마찬가지로 탄도곡선, 눈과 뇌의 인식 및 조준 원리를 야간에도 그대로 적용할 수 있게 되었다. 여기에 더하여 조준

10) https://blog.naver.com/sarsari/223227739954(검색일: 2025.7.14.)를 활용하여 필자 재구성.

경 및 표적지시기 등을 사용할 경우에는 눈의 한계를 극복시켜주고 절대조준선과 실제조준선의 일치를 가시화할 수 있다는 점에서 획기적이라고 할 수 있다.

제2절 사격 심리

사격을 하는 데 심리라는 것이 필요한가? 라는 질문에 보통은 총만 잘 쏘면 되지 무슨 심리가 필요하겠냐고 반문할 수 있다. 하지만 사격은 적극적인 표적 제압 의지와 행동과 함께 고도의 심리적 안정이 동반되어야 표적을 정확히 명중시킬 수 있다. 전쟁이라는 피아의 격돌은 강한 마찰, 혼란, 공포, 두려움 등 전장의 복잡성이 동반된다. 이런 환경 속에서 견적필살(見敵必殺)의 전투의지와 행동과 병행한 침착함과 심리적 안정을 자연적으로 가져오기란 전쟁의 신(軍神)만 가능할지 모른다. 그러나 방아쇠를 당기는 순간은 침착한 정신적 자세를 유지하고 심적 혼란이 표적을 명중하는 데 장애요소가 되지 않도록 평소 사격훈련에 심리 영역에 대한 관심과 훈련을 제고할 필요가 있다.

1. 적극성, 침착, 안정, 몰입과 시각화

심리적 영향을 이해하기 위해서는 우리 몸의 6가지 감각기관(눈, 코, 귀, 입, 몸, 의식)은 모든 정보를 수집하고 기억하며, 과거의 기억들을 종합하여 판단하는 두뇌작용으로 연결된다. 결국 모든 것은 마음먹기에 달렸다는 말처럼 전장의 혼란 속에서 적극적 전투의지와 행위를 하면서 침착성을 잃지 않고 심리적 안정을 유지하고 표적에 몰입하기 위해서는 효과적인 마인드컨트롤 훈련이 필요한 것이다.

첫째, 적극성은 생사를 오가는 전장 상황 속에서 공포와 두려움을 떨쳐내며 승리를 향한 의지를 행동으로 구현할 때 가능하다. 즉, 신속하게 적을 찾고 표적으로 삼고 총을 겨누는 행위이다. 이러한 적극적이고 외향적인 자세는 변화에 대한 더 높은 몰입과 적응력으로 나타난다.[11)]

11) 이현엽 · 현승주 · 이상규 · 이병학, "성격과 효능감이 사격술에 미치는 영향: 메타버스 기반 영점 사격 및 실탄 사격을 중심으로," 『한국콘텐츠학회논문지』 (제23권 제12호, 2023), pp. 524.

둘째, 적극성과 함께 침착함은 전투원들이 현재 스스로의 위치를 명확히 인식해야 한다. 동료들과 적은 어디에 있으며, 적과 거리는 어느 정도이며, 나의 소총은 가늠쇠가 어디에 맞춰져 있고, 탄알은 몇 발을 휴대하고 있는지 등의 상태를 판단해야 한다. 정확한 자신과 주변 정보를 바탕으로 침착하게 적으로부터 은폐, 엄폐된 위치를 잡고 내가 적을 사살하지 않으면 나와 동료, 가족 및 국민이 위협받는다는 것을 순간 재인식해야 한다.

셋째, 심리적 안정은 교전이 치열한 전투 현장에서는 오히려 불필요하고 사치에 가까울 수 있다. 그러나 분명한 피아 인식을 통해 자기 점검을 주기적으로 하지 않으면 전투피로증이 가중될 수 있다. 따라서 전투원에게 사격을 위해서는 심리적 안정이 항상 동반되어야 한다. 평소 사격훈련을 할 때도 심리적 안정이 이뤄지지 않아 집총이나 사격훈련 자체를 거부하는 마음이 생기기도 한다.

셋째, 몰입은 집중력과 자신감을 의미한다. 흔들림 없는 집중력을 유지하며 표적을 끝까지 제압하기 위해 집요하게 사격 행위 자체에 의식을 다 쏟아야 한다. 그리고 긴장감, 공포를 떨쳐내는 심적 통제력을 잃지 말아야 하며 초탄명중(初彈命中)에 실패하더라도 정상 컨디션으로 빠르게 돌아올 수 있게 '할 수 있다'라는 자신감을 터득해야 한다.

이런 적극성, 침착, 안정, 몰입의 심리적 상태는 모두 뇌의 의식화, 이미지화를 통해서 가능하다. 감각을 통해서 전달되는 정보는 약 0.05초 만에 기억된 기존 뇌의 정보들 속으로 들어가 연합된다. 그리고 지각(perception)과 인지(cognition), 재인식(recognition) 과정을 거쳐 뇌의 의식영역으로 들어간다. 의식영역에서는 이들이 감정(emotion)을 형성하게 되며, 여기까지 약 0.1초 정도의 시간이 소요된다. 이 감정은 언어와 결합하여 생각(thinking)으로 정리되고 판단(decision)하여 반응(response) 또는 행동(action)으로 옮길 준비를 하게 된다. 즉, 척수를 통해 손발을 움직여 운동 작용을 일으키는 데까지 약 0.25초가 소요된다.[12)]

따라서 제압해야 할 표적을 보게 되면 이미지트레이닝을 통해 불필요한 감정(두려움, 분노 등)을 억제하고 냉철한 판단을 통해 가장 빠르게는 0.25초 만에 방아쇠를 당길 수 있다고 보면 된다. 침착, 안정, 몰입을 통해 가장 빠르고 정확

12) 이덕권 편저, 『소총 사격술과 심리 제1권 심리편』 (퍼플, 2017), pp. 80-83.

하게 표적을 제압할 수 있는 심리적 훈련이 되어야 한다.

다른 감각보다 눈에 보이는 것에 집중하게 되는 시각 우위와, 최고의 경지에 도달했거나 그 근처에서 일어나는 시각의 몰입상태는 평소보다 표적의 크기가 더 커 보이며 그 움직임은 느려 보일 수 있다. 그리고 두 개의 중요한 특질을 가지게 된다. 첫째는 의지로 이 상태를 가질 수 있다는 확신, 둘째는 현재의 이 순간에 의식집중이 가능하다는 것을 믿는 상태가 된다. 이것이 심리학자들이 말하는 정신적 훈련의 가시화(visualization)이다.

〈그림 14〉 전뇌적 의사소통13)

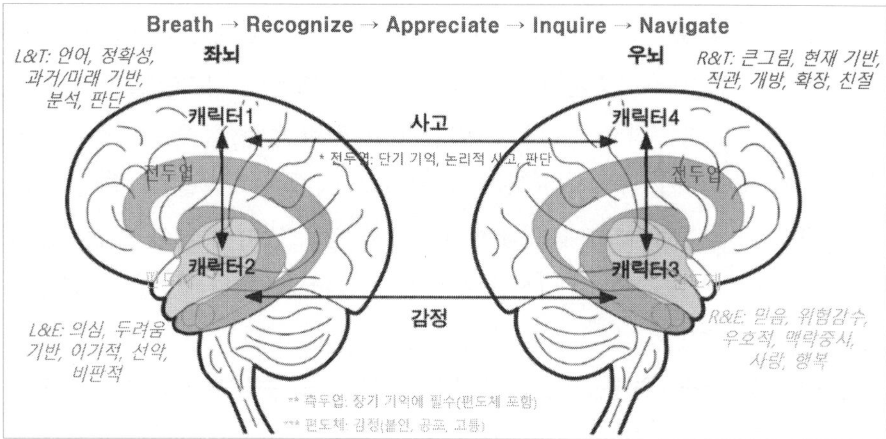

극도의 파괴적 전장 상황에서 적극성, 침착, 안정 및 몰입을 통한 가시화 훈련은 결국 자신과의 끊임없는 대화를 통해서 가능하다. 이를 위한 훈련 방법으로는 전뇌적 의사소통을 한 예로 들 수 있다. 적극성, 침착, 안정, 몰입을 위해 'BRAIN' 기법을 쓰는데 호흡(breath)-인식(recognize)-감사(appreciate)-질문(inquire)-해법(navigate) 순으로 시각화하는 것이다.

가시화 훈련은 일종의 심상(mind-set)으로서 침착하고 안정적 가시화는 목표 설정, 주의집중을 병행하면 불안을 극복하고 자신감과 동기 및 집중력을 가져오는 것으로 연구되고 있다.14)

13) Jill Bolte Taylor, *Whole Brain Living*(Hay House Inc., 2021), p. 116.

14) 강형철, "사격술 향상을 위한 심리중재 연구동향 분석," 『코칭능력개발지』 (제24권 제3호, 2022), pp. 57-59.

2. 실패의 공포와 두려움 극복, 자신감

완전한 자신감은 실패와 패배에 따른 공포와 두려움을 극복했을 때 가능하다. 승리와 성공에 대한 확신이기도 하다. 즉, 실패와 패배를 하지 않을 것이라는 자신감으로 표현된다. 근거없는 자신감은 지속 가능한 자신감이 될 수 없다. 그러므로 스스로 완벽하고 자연스럽게 하는 것을 잠재된 마음으로 긍정적으로 자기 시각화하는 것을 기본으로 한다.

사격을 하는 동안 실패에 대한 공포와 두려움으로 자제심을 잃고 몰입에 이르지 못하는 심리적 불안 상태는 성공적인 표적 제압에 이르지 못한다. 사격하는 동안 몰입상태가 유지되려면 표적을 제압하지 못하면 어쩌나 등의 걱정, 적이 자신을 공격할지 모른다는 불안, 공포와 두려움 등을 제거해야 한다. 그러기 위해서는 사격의 조준선정렬, 정조준의 행동 루틴과 함께 심리적 침착, 안정상태에서 출발하여 몰입에 이르는 정신 루틴이 병행되어야 한다. 일정한 전투원 스스로의 마음 작동의 흐름을 조준하는 행위와 같은 선율로 일치되게 하는 것이 중요하다.

〈그림 15〉에서 보듯이 국가대표 사격선수들도 심리적 부담감을 떨치고 자신감을 갖기 위해 몰입 훈련을 체계화하면서 우뇌활성화 훈련, 표상훈련, 반사적 슈팅 훈련 및 심리상담을 강화하였다.

〈그림 15〉 사격선수들의 심리 훈련[15)]

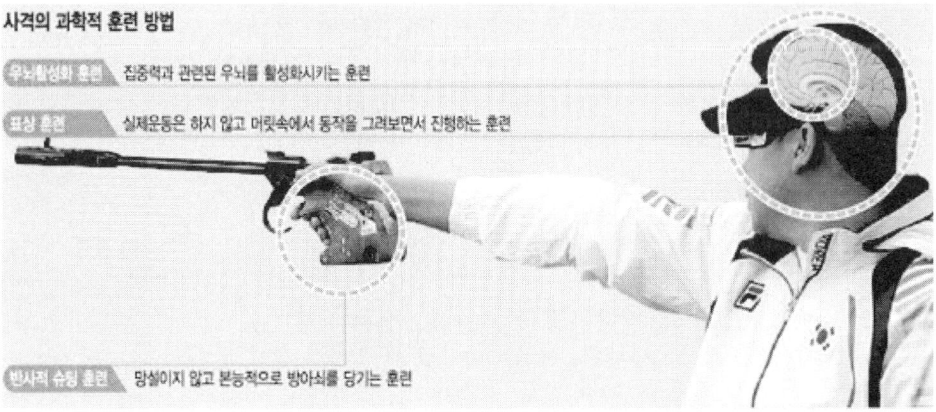

15) https://m.sports.naver.com/general/article/005/0000520020(검색일: 2025.7.21.)

즉, 현재에 집중하고 임무를 수행하는 것으로 한발에 모든 것을 집중하는 자세가 중요하다. 먼지, 비바람, 적의 사격, 주변의 고함 등 어떤 것도 사수 스스로 사격에 방해되는 요소는 배제하면서 끝까지 정조준과 정지된 호흡 상태에서 표적을 제압하는 방아쇠를 당겨야 한다. 그 과정에서 매 순간 나타나는 오류들을 기억하고 만약 빗나갔더라도 다른 핑계를 댈 필요도 없이 신속히 자기 평가를 통해 환류함으로써 다음 사격에서는 반드시 성공하는 자신감을 견지해야 한다.

에디슨은 전구를 발명하기 위한 필라멘트를 찾아내기 위해 성공하기까지 2,000번이 넘는 실패를 하였다. 많은 운동선수들의 실패는 말할 필요도 없다. 하물며 생사를 가르는 전투사격에서 표적에 명중하기 위한 사격훈련은 매일 매일 해도 지나침이 없다. 과거 내무반의 침상이나 관물대에 축소 사격 표적을 붙이고 짬짬이 매일매일 훈련하던 것이 공염불이 아님을 알 수 있다. 끊임없이 올바른 방법으로 행동과 심리 훈련을 계속했을 때 자신감은 계속 증대되어 가는 것이다.

그러나 자신감과는 전혀 다른 과도한 완벽주의로 인한 폐해를 인식해야 한다. 과도한 지기비관, 집착에 가까운 강박성 행동, 자기연민, 다른 것에 책임전가, 오기 등은 벗어나야 할 그 예들이다. 완벽주의는 허약한 건강상태, 약한 자제력, 어긋난 인간관계, 낮은 자존감 등에서 기인하게 된다. 완벽주의에서 벗어나 건강한 자신감을 유지하기 위해서는 자기 비관, 남 탓이나 환경 탓이 아닌 자기 향상(self-enhancing)에 대한 희망을 내면화해야 한다.

제3장

사격술 실제: 자세, 조준, 호흡, 격발

제3장

사격술 실제: 자세, 조준, 호흡, 격발[1)]

사격술의 기초는 사격을 할 수 있는 건강한 신체와 정신이 바탕이 된다. 소총의 무게를 능히 이겨내고 안정적인 사격을 할 수 있는 체력과 아군과 우리 국민, 그리고 나를 직접 위협하는 적과 접촉하면 반드시 제압하겠다는 견적필살(見敵必殺)의 정신자세는 사수에게 매우 중요하다. 따라서 꾸준한 체력단련과 지속적인 정신교육은 기초사격술인 사격 자세와 조준, 호흡 및 격발을 위한 최소한의 조건이다.[2)]

제1절 사격 자세

사격은 총에 탄알을 장전하고 방아쇠를 당겨 격발된 후 총구를 출발한 탄환이 표적에 명중하기 위해서는 전 과정에서 일정한 자세를 유지해야 한다. 사격 자세는 표적을 명중시키기 위한 최적의 형태로 몸을 만들고 소총을 겨냥하는 것을 의미한다. 공격전투 중 사격을 위한 기본자세는 위 사진[3)]과 같은 돌격사격 자세이

1) 제3장의 내용은 대한민국 육군, 『K1 · K2 · K2C1』 (2022), pp. 3-3 ~ 3-21을 참조하여 재구성.

2) 황수영 · 박지혜, "사격선수의 사격기술과 체력적 요소에 대한 서술적 고찰," 『스포츠 사이언스』 (제41권 제2호, 2023), pp. 219-225.

3) https://n.news.naver.com/mnews/article/001/0006776351(검색일: 2025.7.18.)

며 서서쏴, 무릎쏴, 쪼그려쏴, 앉아쏴, 입사호쏴, 엎드려쏴 등의 사격 자세가 있다.

1. 소총 파지 및 사격준비 자세

돌격 자세나 입사호 및 엎드려 등 다양한 자세에서 사격 자세를 취하기 위해서는 우선 소총을 손으로 잡아 조준선정렬이 자연스럽게 이뤄질 수 있는 편한 자세를 찾아야 한다. 그리고 양손을 이용해서 사격을 할 수 있는 소총의 형태를 만들고 최대한 좌우상하의 움직임이 적으면서 편안한 자세가 되어야 한다. 소총의 사격을 위해서 오른손과 왼손의 역할은 다르며 각각 사격에 최적화된 상태로 소총을 파지하고 사격준비 자세를 취해야 한다.

가. 소총 파지(把持)

첫째, 오른손은 손잡이를 잡아 몸쪽으로 당겨 소총을 몸에 고정하게 하고 방아쇠와 조정간을 조작한다. 오른손은 전투중 항상 소총의 손잡이를 잡고 있어야 바로 사격으로 진행할 수 있다. 이때 방아쇠를 당기는 것은 두 번째 손가락인 인지이므로 나머지 네 손가락 즉, 엄지(첫번째 손가락)와 중지(세번째 손가락), 약지(네번째 손가락), 소지(다섯번째 손가락, 보통 새끼손가락)를 이용하여 손잡이를 감싸 잡는다.

인지는 곧게 펴서 방아쇠울의 우측에 대며 조준선정렬과 함께 인지 첫마디 중앙을 방아쇠에 위치시키고 정조준이 완료되면 격발한다.(격발에서 자세하게 다룸) 이동, 약진 등 사격을 하지 않을 경우에는 인지를 펴서 오발을 방지해야 한다. 손잡이를 감싸 잡는 오른손 엄지손가락은 필요할 때 조정간을 조작한다. 왼손잡이는 왼손 인지를 이용하여 조정간을 조작한다.

둘째, 왼손은 소총의 덮개를 잡아 소총을 고정하거나 총구의 좌우, 높낮이를 조절한다. 이때 V자 홈을 만들어 소총의 덮개를 받쳐 잡고 지탱한다. 덮개를 가까지 또는 멀리 잡음으로써 소총의 높낮이를 조절할 수 있다. 덮개를 잡은 왼손 또는 탄알집의 하단을 지면이나 사대 등에 의탁하면 안정적으로 자세를 유지할 수 있다. 사격을 연속으로 계속할 경우에는 덮개를 강하고 잡아 소총을 견고하게 유지해야 한다.

〈사진 7〉 K2C1 소총 파지[4)]

나. 사격준비 자세

소총을 파지한 상태에서 사격준비를 위해서는 견착을 하고 접용점을 유지해야 한다. 견착은 개머리판을 어깨에 고정하는 것으로 사격시 발생하는 반동을 신체에 분산하게 하고 일정한 자세를 유지시키시 위한 것이다. 견착 방법은 오른팔을 뒤로 젖혀 쇄골 아래의 어깨홈에 개머리판받침을 밀착시킨다. 그리고 밀착한 개머리판받침이 위아래로 움직이지 않도록 오른손으로 손잡이를 직후방으로 당겨 견고하게 한다.

이때 오른 팔꿈치는 사격자세에 따라 각도를 달리하며 최대한 소총의 움직임이 없도록 자세를 취한다. 즉, 서서쏴 자세에서는 옆구리에 밀착시키며 입사호나 엎드려쏴 자세에서는 우측으로 15°~45°정도 벌려 지면에 대며 쪼그려쏴 자세에서는 무릎안에 밀착시킨다.

접용점은 개머리판에 뺨을 밀착시킬 때 접촉되는 지점을 의미하며, 가늠자를 통해 가늠쇠와 표적을 겨냥할 수 있는 최적의 지점을 찾아야 한다. 이렇게 하기

4) https://blog.naver.com/leehojun1219/221343903098(검색일: 2025.7.18.)

위해서는 고개를 살짝 들었다가 아래로 내리면서 뺨을 개머리판에 대며 가늠자에 최대한 가까이 대고 뒤로 이동하면서 가늠자 구멍에 야광가늠쇠 상단이 닿을 정도가 되면 멈춘다. 이때 눈과 가늠자 구멍의 거리가 6~7cm 정도이다. 그리고 입은 살짝 벌려 턱 근육이 이완되어 뺨의 광대뼈 아래 들어간 부분이 개머리판에 깊숙이 밀착되도록 하고 고개는 좌우로 기울어지지 않도록 한다.

2. 서서쏴

서서쏴 자세는 정지 또는 기동간 적과 접촉시 신속한 사격이 가능하다. 신속하게 서서쏴 자세에서 적에게 사격을 가하면서 상호 엄호 하에 엄폐물로 이동할 수 있으며, 엄폐물이 없다면 더 낮은 무릎쏴 또는 엎드려쏴 자세로 전환할 수 있다.

서서쏴 자세를 취하는 방법은 좌측 사진[5]과 같이 먼저 돌격 자세에서 소총을 들어 개머리판 받침을 어깨홈에 밀착시킴과 동시에 접용점에 뺨을 대고 표적을 조준한다. 이때 좌우측 손에 힘을 주어 뒤로 소총을 당기면서 견고하게 어깨홈에 밀착시켜야 하며, 오른쪽 팔의 상박부를 옆구리에 붙이되 신체조건에 따라 적절하게 벌릴 수도 있다.

서서쏴 응용 자세로는 왼팔을 펴서 총열 덮개 끝을 잡거나, 왼팔을 당겨 탄알집 꽂이 홈 전방을 잡아 견고히 견착 할 수도 있다. 전자의 경우는 덮개를 잡은 손을 적에게 지향하여 정조준 할 사이가 없으면 바로 신속하게 지향사격할 수 있고 소총의 튀어 오르는 현상을 감소시킬 수 있으나 장시간 사용 시 피로도가 증가한다. 후자는 피로도를 줄일 수 있으나 탄알집의 원활한 작용을 제한시켜 송탄 불능, 탄피 배출 불능이 발생할 수 있다.

5) https://kookbang.dema.mil.kr/newsWeb/20170328/5/ATCE_CTGR_0010030000/view.do(검색일: 2025.7.18.)

3. 무릎쏴

무릎쏴 자세는 적과 접촉 시 서서쏴 자세로 사격 후 주변에 엄폐할 지형지물이 전혀 없거나 건물의 모퉁이, 나무나 차량 등의 측면을 이용하여 사격할 때 사용할 수 있다. 교전 중 더 낮은 자세가 필요하면 엎드려쏴 자세로 신속하게 전환할 수 있다.

무릎쏴 자세를 취하기 위해서는 우선 돌격사격 자세에서 뒤에 위치한 오른발 앞꿈치를 좌측으로 평행하게 한 발 정도 움직여 왼발 뒤꿈치 후방 20~30cm 주변에 오른발 앞꿈치를 위치시킨다. 동시에 앞무릎을 구부리며 우측 그림6)과 같이 앉는다. 이때 왼 무릎은 세우고 오른 무릎은 지면에 대고 오른쪽 엉덩이는 오른발 뒤꿈치 위에 올려 앉는다.

앉음과 동시에 왼 팔꿈치는 왼 무릎 위 편안한 곳에 올리고 덮개를 잡은 왼손과 손잡이를 잡은 오른손을 몸쪽으로 당겨 어깨홈에 개머리판받침을 견고하게 밀착시켜 뺨을 접용점에 대고 조준한다. 오른쪽 팔꿈치는 위쪽의 상박부는 옆구리에 밀착할 수 있으며, 견착을 견고히 하기 위해 적절하게 벌릴 수도 있다.

하향사격을 위해서 필요할 경우 엉덩이를 대고 앉는 자세에서 엉덩이를 들어 세울 수 있으며, 상향사격을 위해 왼 팔꿈치를 무릎에서 이격시켜 들 수도 있다. 사수는 전투 상황에서 최적의 자세를 위해 변형시킬 수 있으며, 사수의 신체조건, 개인적 특성 등을 고려해서 가능한 편안하게 사격할 수 있는 자세를 취한다.

6) https://blog.naver.com/caachew/221558693588(검색일: 2025.7.18.)

4. 쪼그려쏴

쪼그려쏴는 양발을 지면에 접촉한 상태에서 엉덩이를 땅에 대지 않고 양 무릎을 굽혀 쪼그려 앉은 상태에서 사격을 취하는 자세이다.

돌격자세에서 오른발을 우향우 또는 반 우향우하여 동시에 쪼그려 앉는다. 좌측 사진[7]과 같이 양발을 지변에 평평하게 대고 신체의 균형을 유지하여 안정된 자세를 취한다. 동시에 양팔의 상박부를 양 무릎 안쪽에 대고 붙이며 견고한 자세를 위해 양팔에 힘을 주어 소총을 어깨 홈에 당겨 개머리판받침을 단단히 고정한다. 그리고 뺨을 접용점에 대고 조준한다.

쪼그려쏴 자세는 화생방 오염지역이나 습지에서 사용하며 유의할 사항으로는 체중을 양다리에 균등하게 배분하고 양 팔꿈치를 무릎 안쪽에 붙여야 한다.

5. 앉아쏴

앉아쏴 자세는 쪼그려쏴 자세에서 자연스럽게 엉덩이를 땅에 대어 변화를 주고 앉아서 쏘는 자세이다. 쪼그려쏴 자세를 취하면서 우측 손으로는 소총을 잡고 좌측 손을 지면에 대고 엉덩이를 땅에 접촉시켜 앉으면 뒤로 넘어질 염려 없이 안정적으로 자세를 취할 수 있다. 엉덩이를 땅에 댄 다음에는 다시 왼손을 소총 덮개를 잡고 표적을 조준한다.

앉아쏴 자세는 표적이 대략 사수와 동일한 수평각도에 위치하거나 낮은 위치에 있을 때 유용하다. 유의할 사항은 우측 사진[8]과 같이 상체를 앞으로 숙이고

7) https://blog.naver.com/tajoo3787/222495460975(검색일: 2025.7.18.)

반면에 오른쪽 팔꿈치는 오른쪽 무릎 안쪽에 놓고 조준한다. 반면에 왼팔꿈치 평탄한 부분을 왼쪽 무릎 앞쪽에 놓으며, 하향사격을 위해 필요시 쪼그려쏴와 같이 양 팔꿈치를 모두 무릎 안쪽에 위치할 수 있다. 양발바닥은 지면에 최대한 밀착하여 안정적 자세를 취한다.

6. 엎드려쏴

엎드려쏴 자세는 엄폐물이 없는 상황에서 사격 시 피해를 최소화할 때 사용하는 기본적인 사격 자세이다.

엎드려쏴 자세를 취하기 위해서는 왼발을 대각선 방향으로 1보 내딛음과 동시에 왼손으로 지면을 짚고 오른 무릎을 굽혀 자세를 낮추며 엎드린다. 이때 소총은 총구가 전방을 향하도록 지면과 수평이 되게 하고 손잡이를 견고히 잡아 무게를 지탱하며 불가시에는 개머리판을 상박과 옆구리 사이에 밀착하고 엎드린다. 엎드리면서 바로 소총은 전방으로 견착하여 사격 자세를 취하고 두 다리는 적절하게 펴서 지면에 밀착시킨다.

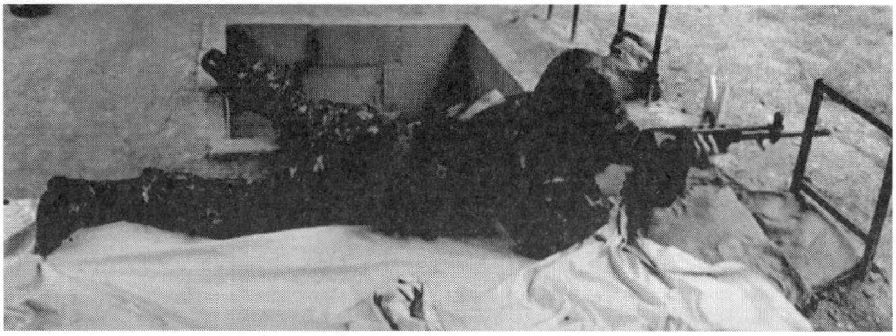

유의할 사항으로는 좌측 사진[9]에서 보듯이 우측 다리가 소총 연장선과 평행되게 하며 양발의 복숭아뼈가 지면에 밀착하도록 하고 소총과 몸의 각도는 30°정도 유지한다. 양 다리를 편 자세가 불편하다면 오른쪽 다리를 우측 가슴쪽으로 90°이상 앞으로 당기고 왼쪽 발을 앞발굽을 세워서 사격자세를 취할 수 있다.

엄폐물이 없는 상태에서 적을 만나 엎드리는 자세는 적의 표적이 되기 쉬우므로 신속히 서서쏴 자세로 적을 제압하는 사격을 하면서 엄폐물까지 이동해서 엎드려쏴 자세를 취해야 한다.

8) 육군본부, 『병기본』 (2011), p. 30.
9) https://www.youtube.com/watch?v=YoNDwx2ya6I&t=41s(검색일: 2025.7.18.)

7. 입사호쏴

입사호쏴는 전투진지가 준비되어 있을 때 참호 또는 교통호 등 진지 내에서 사용하는 자세이다. 우측 사진[10]과 같이 몸을 진지에 자연스럽게 의탁할 수 있어 가장 안정성이 있다. 진지 내에서 사수는 자신에 알맞게 마대를 조정하여 의탁할 수 있으며, 양 팔꿈치를 의탁하고 진지의 높이에 따라 왼쪽 다리는 앞으로 굽혀주며 오른쪽 다리는 뒤로 1보 뻗어 사격할 수 있다.

유의할 사항으로는 몸의 가슴을 입사호 앞쪽으로 최대한 붙여서 사격을 해야 안정적으로 사격할 수 있다. 의탁하고 있는 사대와 마대가 고정되어 있는 것이 아니라는 점을 의식해서 매 사격마다 정조준에 신경써야 한다. 사대나 마대를 사용할 수 없을 정도로 낮을 때에는 왼쪽 팔꿈치를 엎드려쏴 자세와 같이 땅에 대고 조준한다.

이상과 같이 다양한 사격 자세를 훈련을 통해 평소에 숙달해야 하며 전장 상황에서는 접촉한 적, 지형지물, 자신의 신체 특성 등을 자동적으로 고려해서 가장 절절한 사격자세를 신속하고 안정적으로 취할 수 있어야 한다. 〈영상 11〉은 훈련 현장에서 사격 자세별 실제 사격 장면을 보여주고 있다.

10) https://blog.naver.com/mc341/222117005040(검색일: 2025.7.18.)

〈영상 11〉 사격자세별 실제 사격[11)]

제2절 조 준

조준은 사수가 탄환을 표적에 명중시키기 위해서 자신의 눈을 통해 가늠자, 가늠쇠, 표적을 일치시켜 동일한 선상에 위치시키는 것이다. 이를 위해서 조준선정렬, 표적정렬, 정조준을 할 수 있어야 한다.

1. 조준선정렬

조준선정렬은 눈으로 가늠자의 구멍을 보고 가상의 십자선을 그린 상태에서 가늠쇠 선단을 그 중앙에 위치시키는 것이다.

K2와 K2C1 소총은 가늠자와 가늠쇠 모두 그 모양이 원형이다. 따라서 우측 그림[12)]과 같이 가늠자의 원 안에 가늠쇠의 원을 넣고 상하좌우가 등간격이 되도록 맞추면 자연스럽게 임의의 십자선 중앙에 가늠자의 선단이 맞춰지게 된다.

실제로는 가늠자의 원이 가늠쇠의 원보다 작으나 접용점에 뺨을 대고 눈을 가늠자 6~7cm에서 보게 되면 위치상 가늠자의 원이 가늠쇠의 원보다 커보인다.

---

11) https://www.youtube.com/watch?v=YoNDwx2ya6I&t=41s(검색일: 2025.7.18.)
12) https://brunch.co.kr/@chomskysays/3(검색일: 2025.7.18.)

상하좌우 원의 간격이 등간격이 되게 하되 야광가늠쇠의 돌출부분이 가늠자 원에 닿을 듯 말 듯 할 정도로 간격을 유지하는 것이 좋다.

〈그림 16〉 조준선정렬 오차에 따른 탄착 편차 발생 원리[13)]

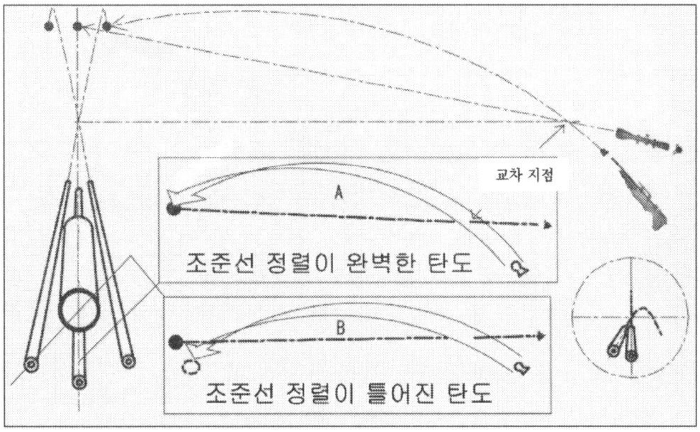

조준선정렬을 잘못하면 사거리가 멀어질수록 그 오차의 편차가 커짐으로 명중률이 급격하게 감소한다. 따라서 조준에서 제일 먼저 조준선정렬을 신경써야 한다. 가늠자와 가늠쇠의 거리가 49.3cm이므로 조준선정렬에서 1mm(0.1cm)의 오차가 발생할 경우 100m 사거리에서는 20.28cm 벌어진다. 200m 사거리에서는 40.5cm, 250m 사거리에서는 53.99cm, 300m 사거리에서는 그 편차가 60.85cm로 커진다. E표적의 크기가 가로 50cm임을 고려하면 250m 이상 사거리에서는 1mm의 조준선정렬 오차가 표적을 완전히 벗어나게 만든다.

2. 표적정렬

표적정렬은 조준선정렬이 된 상태에서 가늠쇠와 표적을 일치시키기 위하여 사수가 눈으로 가늠쇠의 상단에 원하는 표적의 중앙 조준점에 위치시키는 것을 말한다. 즉, 눈 – 가늠쇠 상단 – 표적이 일직선에 놓이게 된다.

13) https://blog.naver.com/hwataiy/40043513667(검색일: 2025.7.18.)

〈그림 17〉 표적정렬14)

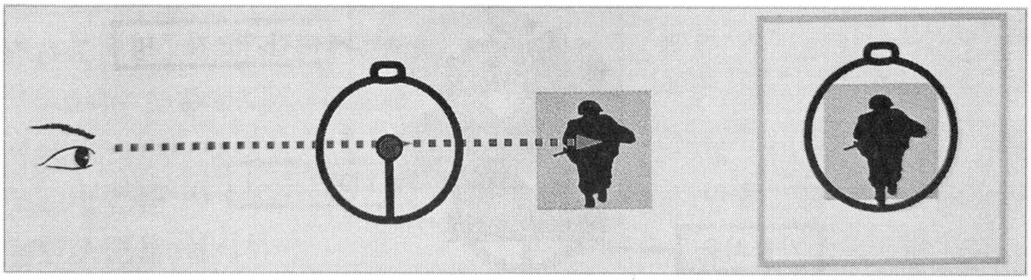

3. 정조준

조준선정렬과 표적정렬이 모두 동시에 일치된 상태이다. 가늠자 구멍에 임의의 십자선을 만들어 가늠쇠 선단을 그 중앙에 위치시키고 가늠쇠가 표적 중앙 조준점에 일치된 상태를 말한다. 정조준 상태를 유지하여 사격을 해야 모든 표적이 명중하게 된다. 사람은 심장박동, 호흡 등의 몸의 움직임이 계속 일어나고 전장 상황 속에서 심리적으로도 불안정할 수 있기 때문에 정조준을 유지하는 것이 쉽지는 않다. 따라서 정조준이 흔들린다면 순서대로 조준선정렬, 표적정렬을 차례로 빠르고 정확하게 사격할 때마다 매번 수행하는 것이 중요하다.

〈그림 18〉 정조준15)

4. 지도안(指導眼), 단안 · 양안 조준

일반적으로 K2소총과 K2C1 소총은 오른손잡이를 기준으로 제작되었으며, 오른쪽 눈을 이용하여 조준하기 쉽게 만들어져 있다. 오른손잡이는 보통 오른쪽 눈이 지도안이 된다.

14) 육군본부, 『병기본』 (2011), p. 19.

15) https://brunch.co.kr/@chomskysays/3(검색일: 2025.7.18.)

그런데 지도안이 왼쪽 눈이라면 이야기가 달라진다. 이럴 경우에는 왼쪽 눈으로 조준을 해야 정확하다. 지도안이란 사물을 관측하는 데에는 양쪽 눈이 다 사용되지만 시력이 상대적으로 더 좋거나 습관으로 더 많이 의지하는 쪽 눈이 지도눈이 된다. 특히 사격과 같이 정밀한 위치를 원거리에서 정확하게 판단하는 데 상대적으로 더 지도적 위치에 있는 눈이 지도안이 된다.

지도안을 식별하기 위해서는 다양한 방법이 존재하나 벽에 걸린 시계의 12라는 숫자를 두 눈을 모두 뜨고 볼펜 끝부분으로 가리켜 본 후 한쪽 눈을 감고 12와 볼펜 끝이 정확히 일치하는 쪽 눈이 지도안이다. 12와 볼펜 끝이 일치하지 않는 엇나간 눈은 보조안이다.

소총은 단안으로 조준하는 것이 일반적이다. 그런데 단안 조준이 정확하려면 그 조준하는 한쪽 눈이 지도안이라는 조건을 충족해야 한다. 보조안으로만 조준하게 되면 확연한 오차가 발생하여 표적을 명중할 수 없다. 따라서 영점사격을 계속해서 잡을 수 없는 경우에는 지도안을 검사하여 지도안을 가지고 조준해서 영점을 다시 잡아야 한다. 그리고 모든 사격을 지도안으로 사격하도록 훈련해야 한다.

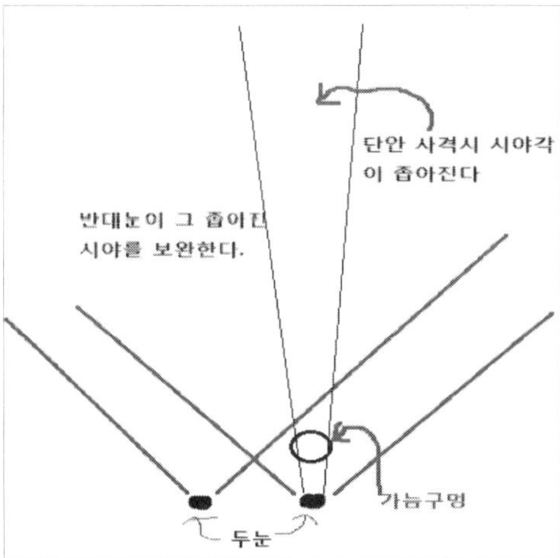

그런데 시야가 흐려 한쪽 눈으로 사격이 제한될 경우나 사격을 하면서도 전장 상황을 전체적으로 관측해야 될 경우, 그리고 지도안과 사용하는 손이 서로 달라 지도안 만으로는 조준이 곤란한 경우에는 양안을 사용하여 조준해야 한다. 양안조준 및 사격은 좌측 그림16)에서 보듯이 확연히 시야를 넓게 사용할 수 있는 장점이 있다. 그러나 양안조준은 허상이 겹쳐 보이는 등 초점의 혼란 가능성이 높으므로 많은 숙달이 요구된다.

그리고 지도안과 주로 사용하는 손이 다를 경우 사용하는 주로 사용하는 손으로 총을 잡고 적을 탐색하다가 적 식별시 지도안을 이용한 단안조준 방법으로 사

16) https://blog.naver.com/bowhunter/130159495347(검색일: 2025.7.18)

격할 수 있다. 총을 바꿔잡는 데 시간이 더 많이 소요되므로 평소 꾸준한 연습을 통해 극복하거나, 주로 사용하는 손 또는 지도안을 완전히 바꾸어 일치시키는 것이 전투효율성을 높일 수 있다.

〈그림 19〉 양안조준[17]

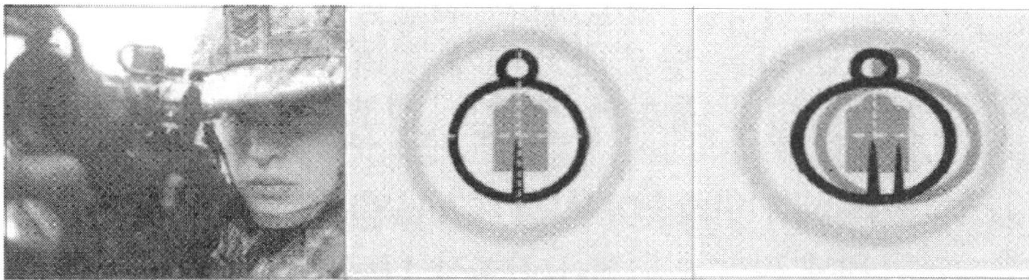

양안조준	양안조준 (정상)	양안조준 (허상)

제3절 호 흡

정조준을 하기 위해서는 숨 쉬는 동작으로 인해 신체에서 발생하는 움직임이 소총의 조준선정열과 표적정열을 흩트리는 영향을 차단해야 한다. 결국 정조준을 위해서는 호흡을 중지해야 한다. 그리고 격발로 연결되어야 한다.

1. 호흡 중지 방법

사람의 평균 1분 호흡은 10~12회로서 호흡주기는 4~5초가 된다. 호흡은 에너지와 산소를 신체에 공급하여 소총을 유지시키고 전투원을 편안하게 한다. 호흡의 들숨(inhalation 또는 inspiration)과 날숨(exhalation 또는 expiration으로 구분되며 호흡 방식은 흉식 호흡과 복식호흡으로 나뉜다.

17) 대한민국 육군, 『K1 · K2 · K2C1』 (2022), pp. 3-16.

〈그림 20〉 들숨과 날숨, 그리고 신체 변화[18]

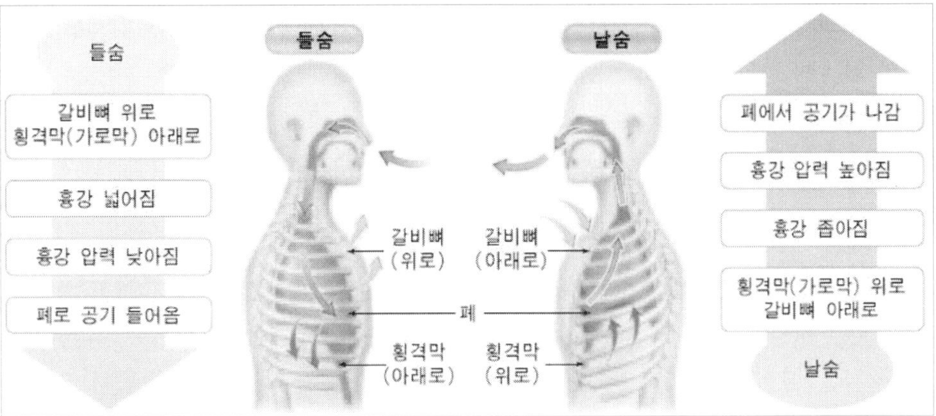

복식호흡은 심리적 안정과 근육이완에 도움을 주므로 가능한 복식호흡을 한 후 사격하는 것이 좋다. 호흡을 중지한 상태에서 정조준과 격발까지의 최적 시간은 5~7초 정도가 된다. 이 시간 동안 근육의 이완 및 정신 집중이 가능하여 정조준과 격발을 원활하게 할 수 있다.

사격을 위해 호흡을 중지하는 방법은 충분한 복식호흡을 두 번 정도하고 숨을 크게 들이마신 후 2/3을 내쉰 상태, 즉 날숨의 약 70%를 내뱉은 상태, 즉 횡격막에서 호흡을 중지하고 조준선정렬을 한다. 조준선정렬이 되면 표적정열을 통해 정조준을 하고 격발로 자연스럽게 연결한다.

〈영상 12〉 사격에서 호흡법[19]

18) https://blog.naver.com/fitnessplanb02/222614452802(검색일: 2025.7.19.)
19) https://www.youtube.com/watch?v=qkVUQSHoo8Y(검색일: 2025.7.19.)

조준선정렬과 표적정렬을 하는 시간이 길어져 호흡을 참을 수 없다면 얕은 호흡으로 신속히 정조준을 마무리하고 숨을 내뱉은 편안한 상태에서 호흡을 정지하고 격발한다. 특히 엎드려쏴와 같이 배의 압력이 작용하는 경우 들숨이 폐에 차 있다면 더 불편한 상태가 되므로 숨을 내뱉고 격발하는 것이 좋다.

호흡은 사격 자세에 따라 일정 부분 달라질 수 있다. 자세에 따라 소총을 위치시키고 표적을 지향하여 조준선정렬과 표적정렬을 하고 심호흡한다. 이때 깊은 흡입은 서서쏴 자세에서는 일반적으로 총구가 상승하고, 무릎쏴나 엎드려쏴 자세에서는 내려가게 된다. 반대로 심호흡으로 흡입한 후 내쉬면 일반적으로 총구는 표적을 중심으로 이동하는데, 서서쏴에서는 총구가 올라가고 무릎쏴나 엎드려쏴에서는 내려가게 된다. 총구의 수직이동이 표적 중심과 정확히 일치할 때 사수는 폐에서 공기의 흐름을 멈추어야 한다. 이때 호흡이 정지했는데도 편안한 상태가 되면 제일 좋다.[20] 그리고 자연스럽게 정조준이 된 편안한 호흡이 정지된 상태에서 격발로 연결되어야 한다.

2. 평소 훈련

호흡을 중지하는 것은 신체와 소총의 유동을 최소화하기 위한 것이다. 그러나 생사를 다투는 전투 현장에서 긴장감, 공포감, 분노 등은 전투원의 호흡을 더욱 빠르고 거칠게 만든다. 게다가 심장 박동도 빨라지고 혈압도 높아진다면 신체와 소총의 유동은 더욱 심해질 수밖에 없다. 따라서 호흡을 중지하는 데에는 단순히 숨쉬는 것을 정지하는 것에 더하여 정신적, 심리적 안정상태를 유지하는 것이 병행되어야 한다.

따라서 평소에 정신력과 심폐기능을 단련하여야 한다. 이를 위해 달리기를 통해 속도와 지구력을 강화시킬 수 있다. 예를 들어 인터벌 러닝 또는 인터벌 트레이닝으로 알려진 강약 반복 달리기를 들 수 있다. 200m~800m를 전력 질주하고 60~400m를 천천히 달리는 방식으로 심박수를 낮추는 것을 여러 차례 반복하여 심장과 폐의 근력을 강화하는 것이다.

이러한 훈련은 몸을 과격하게 활동해야 하는 전투상황에서 심장박동을 안정시켜 신속한 조준선정렬과 표적정렬을 가능하게 한다. 그리고 긴장감을 완화시켜

20) 이덕권 편저, 『소총 사격술과 심리 제1권 심리편』 (퍼플, 2017), pp. 261-262.

시야가 좁아지는 터널현상을 극복하는 데에도 도움이 되는 등 집중력과 판단력을 향상시킬 수 있다.

〈그림 21〉 강약 반복 달리기[21]

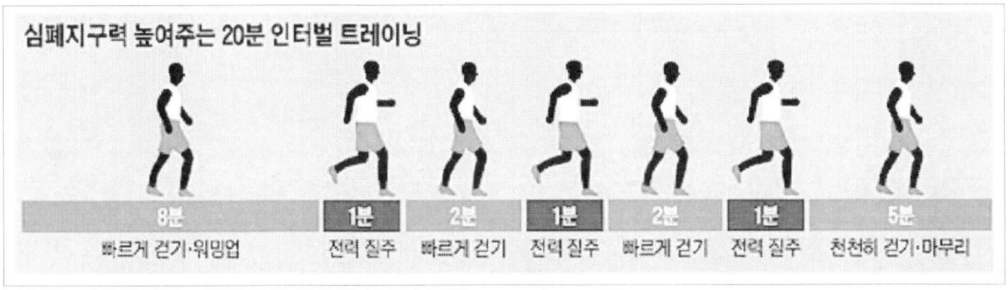

제4절 격 발

〈그림 22〉 격발 작용[22]

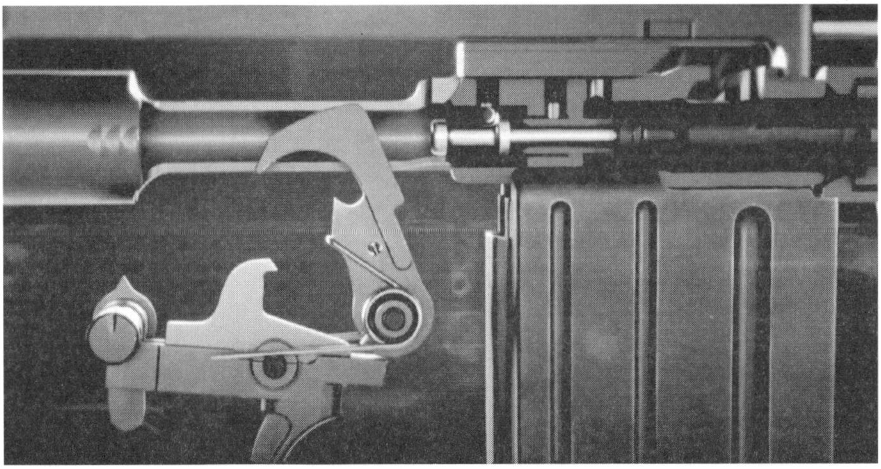

격발은 탄이 나가는 마지막 순간이다. 자세, 조준, 호흡을 완벽하게 했더라도 격발이 잘못되면 탄은 표적에 맞지 않는다. 격발은 기술이자 멘탈 조절 능력이기도 하다.[23]

21) https://blog.naver.com/inanstarbusandae/223190100793(검색일: 2025.7.19.)
22) https://www.youtube.com/watch?v=nxqla_TSEU8(검색일: 2025.7.19.)의 스틸컷

격발은 방아쇠를 당겨서 탄환을 쏘는 것[24]으로 정의한다. 방아쇠를 당기면 격발 단자가 공이치기를 밀고 공이가 전진해서 소총의 약실에 장전된 탄알의 뇌관을 침으로써 탄알의 폭약이 발화해 그 압력으로 탄환이 나아가게 된다. 결국 격발은 방아쇠를 당김으로서 일어난다. 방아쇠를 당기는 그 한 동작 자체가 격발로 이어지기 때문에 정조준 상태가 흐트러지지 않게 방아쇠를 자연스럽게 당겨 격발이 이뤄지게 하는 것이 관건이다.

1. 격발요령

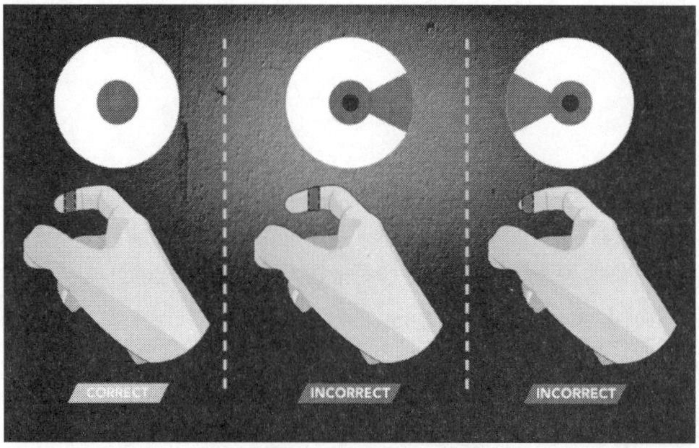

격발은 정조준이 된 상태를 유지하면서 좌측 그림[25]과 같이 두 번째 손가락인 인지의 첫째 마디 중앙 부분을 방아쇠에 대고 인지의 힘만으로 직후방으로 당겨 격발한다. 직후방으로 당기는 것은 소총이 오른쪽 또는 왼쪽으로 움직이게 되면 순간적으로 정조준이 흐트러지기 때문이다.

사수마다 신체적 특징에 따라 손과 손가락 크기가 달라 인지의 첫째 마디가 아닌 첫째 관절 등 다른 부위가 오히려 직후방으로 당기기 용이하다면 그 위치를 적용해야 한다. 그러나 인지의 힘이 방아쇠 압력을 극복하지 못할 것 같아 편의를 위해 다른 부위를 사용하면 안 되며 직후방으로 당길 수 있는 적절한 위치를 찾는 것이 중요하다.

호흡을 멈춘 상태에서 두 번째 손가락 지문 부분을 방아쇠에 올려놓은 채 일정한 압력을 천천히, 꾸준히 가한다. 처음에는 압력이 가볍게 시작(slack)되다 후방

23) https://blog.naver.com/gksaowglfgks/223915356478(검색일: 2025.7.19.)

24) https://ko.dict.naver.com/#/entry/koko/547e51944212446bbf81ddb105b76280 (검색일: 2025.7.19.)

25) https://www.nrablog.com/articles/2016/4/4-common-shooting-mistakes-and-how-to-correct-them/(검색일: 2025.7.19.)

으로 당길수록 가중되지만 스스로도 언제 발사되는지 알 수 없을 정도로 자연스럽게 터져야 한다. 방아쇠가 특정 시점까지 당겨져야 격발이 진행되므로 고정 스프링의 압력을 극복해야 된다. 본격적 압력이 걸리기 시작하는 점을 저항의 벽(wall)이라고 한다. 이 '벽'까지 당겨놓은 상태에서 살금살금(creep) 조심스럽게 방아쇠에 압력을 더해줘야 한다.[26] 그러다 보면 자기도 모르게 터지게(break) 된다. 〈그림 23〉은 방아쇠를 당길 때 격발되기까지의 과정을 잘 보여준다.

〈그림 23〉 방아쇠 격발 과정[27]

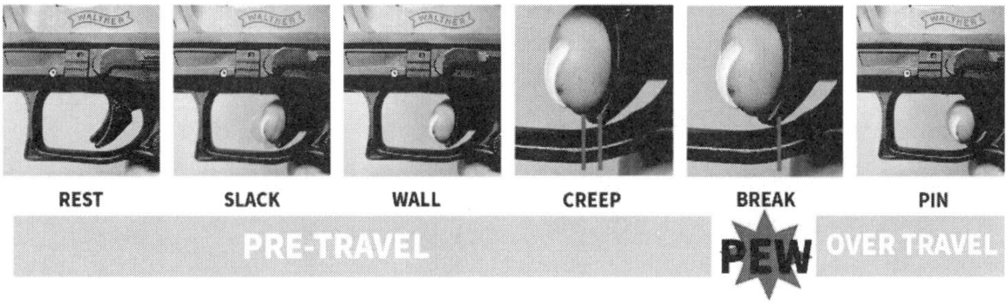

격발 과정에서 정조준과 호흡을 중지해도 심장박동 등에 의해 미세하게 소총의 움직임이 있을 수 있으므로 이러한 미동도 최소화되도록 손과 팔의 완력으로 고정하여 정조준된 상태가 유지된 가운데 격발되도록 해야 한다. 격발되었다면 정조준을 유지한 상태에서 탄환이 날아가 표적에 명중하는 지를 확인해야 하며 격발직후 폭발음에 몸을 위축시키거나 접용점을 떼게 되면 탄환이 총구를 벗어나기 전 순간적인 찰나에 영향을 미칠 수 있다는 점을 유의해야 한다.

격발된 후 방아쇠를 끝까지 당겨 고정 위치(pin)까지 가는 행위(over travel)는 좋지 않다. 필요한 선까지만 당겨야 한다. 방아쇠를 끝까지 당기면 격발 후에 총구가 흔들리며 조준선이 무너진다. 리셋 타이밍이 늦어진다. 특히 연속 격발(double-tap)의 경우 치명적이다. 첫발의 리셋 타이밍이 늦어지면서 둘째 발을 조급하게 쏴버리게 될 수 있다. 또한 격발 후 방아쇠를 확 놓는 것(trigger-slap) 역시 좋지 않은 습관이다. 손가락이 방아쇠를 튕기면서 조준선이 흔들리기 때문

26) https://blog.naver.com/gksaowglfgks/223915356478(검색일: 2025.7.19.)

27) https://www.agirlandagun.org/trigger-talk-stages-of-a-trigger-press/(검색일: 2025.7.19.)

이다. 격발 후 재장전 지점(trigger-reset point)을 확인하고 유지하며 조준선을 1-2초 정도 유지해 주는 것이 좋다. 격발 후 조준선이 흔들렸는지, 유지됐는지 파악할 수 있으며 자세가 흐트러지지 않도록 방지해 준다. 주로 좌·우 탄이 나는 경우 조준을, 상·하 탄이 나는 경우 호흡을 의심해 봐야 한다.[28]

〈그림 24〉 재장전 지점 확인[29]

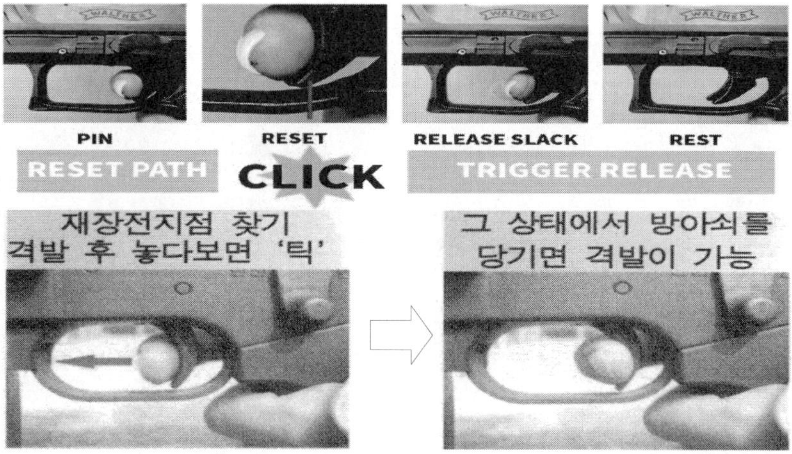

명중 여부까지 확인되었다면 다음 표적을 조준하는 등 전투상황에 따른 다음 동작을 하면 된다.

사격 자세별로 격발의 관점에서 중심점을 살펴보면 서서쏴(입사) 자세에서는 시각에 있다. 하지만 사격을 실행하는 동안 인식은 사격자세를 유지하고 방아쇠의 손가락을 조절하는 데로 이전된다. 즉, 손가락 끝으로 옮겨진다. 엎드려쏴 자세에서는 방아쇠 컨트롤이 느리고 신중하게 인식의 중심에 접근되는 환경이 된다. 무릎쏴 자세에서는 시각과 신체 부위로 중심점이 교류한다.[30] 어떤 자세에서든지 평소의 훈련으로 정조준된 상태에서 호흡이 정지되면 조건반응과 같이 방아쇠 당김이 무의식적으로 일어날 수 있도록 숙달하는 것이 좋다.

28) https://blog.naver.com/gksaowglfgks/223915356478(검색일: 2025.7.19.)
29) https://www.agirlandagun.org/trigger-talk-stages-of-a-trigger-press/(검색일: 2025.7.19.); 대한민국 육군, 『K1 · K2 · K2C1』 (2022), pp. 3-20.
30) 이덕권 편저, 『소총 사격술과 심리 제1권 심리편』 (퍼플, 2017), pp. 266-267.

2. 재장전 지점 및 연속 격발

재장전 지점은 단발로 속사를 하는데 유용하며 그 지점은 〈그림 24〉와 같이 방아쇠를 당겨 격발시킨 후 천천히 놓다 보면 '틱(click)'하는 느낌이 나는 지점이 있다. 여기가 재장전 지점으로 그 순간에 탄알은 재장전되며 방아쇠를 더 놓지 않고 다시 당기면 바로 사격이 이뤄진다. 즉, '틱' 느낌과 동시에 다시 당겨서 격발하는 것이다. 연달아 등장하는 적을 단발로 연속해서 조건반사적으로 신속하게 제압하기 위해서는 숙달된 자기만의 정조준 루틴을 표상화하고 연속 격발을 통한 반사적 슈팅[31)]이 동반되어야 한다.

조정간은 안전, 단발, 점사, 연발로 구분되어 있다. 전투상황에 따라 우측 영상[32)]에서 보듯이 연발, 단발, 점사를 선택해서 격발하게 된다. 연발은 예를 들어 탄알이 30발 들어가는 탄창을 끼우고 조정간을 연발에 놓고 방아쇠를 당기고 계속 있는다면 30발이 모두 쉬지 않고 발사된다. 단발은 방아쇠를 1번 당기면 1발이 발사된다. 따라서 30번을 당겨야 30발이 발사된다. 점사는 1번 당길 때 3발씩 발사되며, 30발 들어간 한 탄창이 다 발사되려면 10번을 당겨야 하는 것이다.

최근에는 방탄복 등 전투원의 방호 장비가 발달되어 소총탄을 맞고도 계속 전투행위를 할 수 있는 경우가 많으므로 단발보다는 점사나 연발을 사용해야 할 상황이 증가하였다. 단발로 조정간을 위치시킨 후 사격했는데 적이 명중되었는데도 불구하고 계속 대응한다면 신속하게 두 번째, 세 번째 탄환을 계속 발사해야 한다. 이때 재장전 지점을 활용하면 효과적이다.

그리고 연속 격발은 재장전 지점을 활용하면서 정조준을 유지하여 원하는 표적의 중앙에 연속으로 2발 이상을 계속 사격하는 것을 의미한다. 근접전투시 가장 기본적인 격발 기술이기도 하다. 영어로는 더블 탭이라고 하며 2연속 격발로 번역하는 경우도 있어 2발만 사격하는 것으로 오해할 수 있으나, 2발 이상을 선택적으로 연속해서 신속하게 사격하는 것을 의미한다.

31) 김병현 · 김종식 · 원윤경 · 황재욱, "사격 국가대표 선수의 표상화와 반사적 슈팅 훈련의 효과 및 평가," 『한국사회체육학회지』 (제64호, 2016), pp. 847-853.

32) https://www.youtube.com/shorts/0U1y7R_hM0c(검색일: 2025.7.24.)

제4장

사격술 실제: 영점, 주간, 야간사격

사격술 실제: 영점, 주간, 야간사격

제1절 영점사격

1. 영점표적지

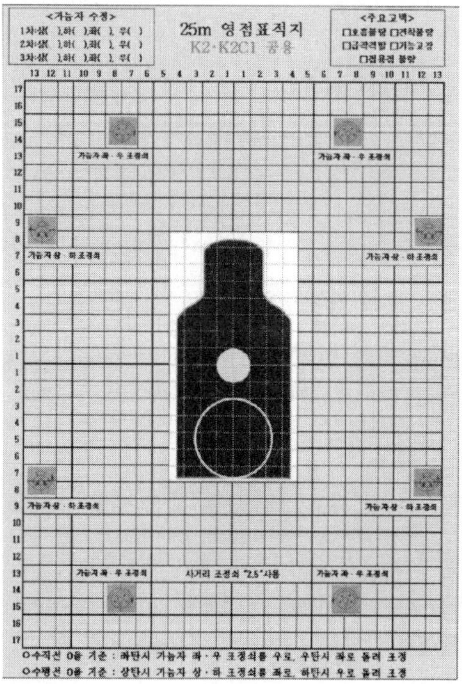

K2 및 K2C1 소총용 영점표적지는 좌측 그림[1]에서 보듯이 100m 실거리 규격을 1/4로 축소한 E표적 형태가 노란색 바탕의 A4용지 사이즈에 인쇄되어 있다. 인쇄된 E표적은 10cm×5cm 크기이며 그 중앙 하단에 조준이 쉽도록 직경 1.4cm의 노란색 원형 조준점이 그려져 있다.

노란색 원형 조준점 중심으로부터 하단 3.1cm(K2C1 표적지는 3.2cm) 위치에 직경 3.3cm의 원이 표시되어 있다. 그 이유는 가늠자 상하조정쇠를 2.5에 두었을 때 영점사격을 위한 25m 사거리에서 약 3.1cm(K2C1은

1) 대한민국 육군, 『K1 · K2 · K2C1』 (2022), p. 4-18.

3.2cm) 하단에 명중하기 때문이다.

표적지의 가로세로 한 칸의 길이는 0.7cm로서 가늠자의 1크리크 이동거리를 고려하여 그려져 있다. 즉, 상하조정쇠 1크리크는 25m 사거리에서 표적지의 격자 한 칸인 0.7cm를 이동시킨다.

따라서 K100탄을 사용하여 K2소총으로 영점사격을 통해 영점을 획득하기 위해서는 상하조정쇠를 2.5에 놓고 25m 영점사격장에서 영점표적지의 중앙 E표적을 조준점으로 사격하여 조준점 하단 3.1cm 지점을 중심으로 형성된 원내에 탄착군[2]을 형성시켜야 한다.

2. 영점획득 사격

가. 영점획득 개념

근래 K2 및 K2C1 소총의 경우 기존의 KM193탄약보다 K100탄을 사용하여 유효사거리를 600m까지 연장하여 사격할 수 있도록 영점을 획득하고 있다. 이를 위해서 시간을 절약하여 영점을 획득하기 위해 앞에서 기술한 K2·K2C1 공용 25m 영점표적지를 활용하고 있다.

〈그림 25〉 K100탄 사용시(상하조정쇠 2.5) K2 · K2C1 소총 탄도곡선[3]

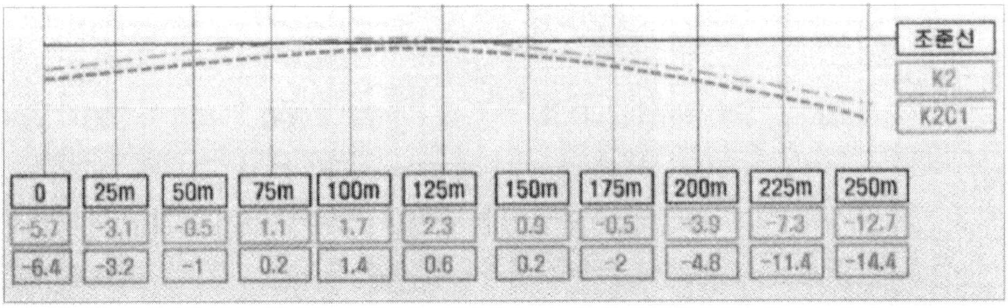

영점획득에서 가장 중요한 개념은 탄도곡선에 따라 유동적인 표적의 탄착점을 일정한 거리에서 일치하도록 설정하는 것이다. 기본적으로 두 소총의 영점은

2) 탄착군이란 사격을 하면 탄환이 표적에 맞아 구멍이 뚫려 흔적이 남게 되며 이러한 흔적이 직경(지름) 3cm 원내에 들어있을 정도로 무리지어 몰려 있는 것을 의미하며 특히 영점사격시 3발을 사격하는 이유가 바로 탄착군 형성 여부를 판단하기 위해 탄착군의 면을 형성하는 최소한의 단위인 3발을 사격하는 것이다.

3) 대한민국 육군, 『K1 · K2 · K2C1』 (2022), p. 4-16.

K100탄을 사용할 경우 탄도곡선의 데이터를 고려했을 때 100m 사거리에서 조준점과 탄착점이 일치하도록 상하조정쇠를 0.07° 상향으로 조정하여 사격함으로써 영점을 획득해야 한다.

그러나 두 소총의 가늠자 상하조정쇠의 구조(2.5, 4. 5, 6으로 조정 가능), 사격장의 여건, 시간적 제약, 효율성을 고려해서 25m로 축소한 사격을 통해 영점을 획득한다. 25m 영점표적지는 100m 실거리 사격시의 표적을 1/4로 축소한 것이다.

〈그림 26〉 K100탄 사용시 K2소총 탄도곡선 및 조준점과 탄착점 편차[4]

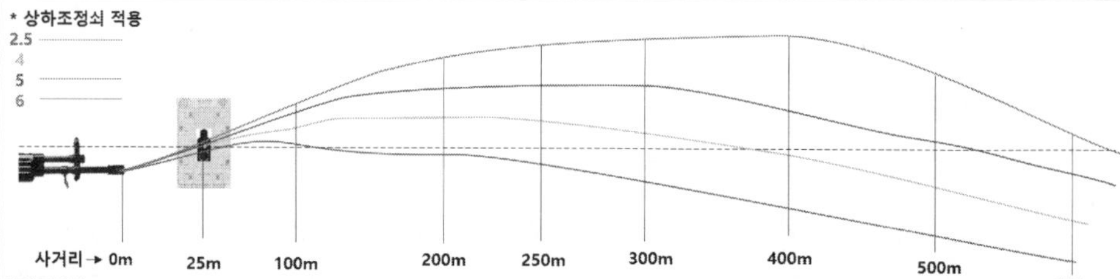

상하조정쇠 ↓ / 사거리 →	0m	25m	100m	200m	250m	300m	400m	500m	600m
2.5	-5.7cm	-3.1cm	+1.7cm	-3.9cm	-12.7cm	-25.5cm	-68.1cm	-136.7cm	-239.3cm
4	-5.7cm	+0.75cm	+17.1cm	+26.9cm	+25.8cm	+20.7cm	-6.5cm	-59.7cm	-146.9cm
5	-5.7cm	+4.04cm	+30.26cm	+53.22cm	+58.7cm	+60.18cm	+46.14cm	+6.1cm	-67.94cm
6	-5.7cm	+7.96cm	+45.95cm	+84.58cm	+97.9cm	+107.2cm	+108.8cm	+84.5cm	+26.14cm

앞의 영점표적지에서 이미 설명하였지만 다시 강조하면 25m 축소사격으로 영점을 획득하려면 상하조정쇠를 2.5에 두고 영점표적지 중앙의 E표적 형상 중앙의 노란색 원형을 조준점으로 사격하여 하단의 원에 탄착군을 형성시켜야 한다. 보통 영점사격은 9발을 3발씩 나누어 사격하며, 사격할 때마다 탄착군을 확인하여 상하 및 좌우 가늠자를 조정하여 영점을 획득한다.

나. 영점사격 절차

영점사격을 위해서는 영점사격을 할 수 있는 사격장이 구비되어 있어야 한다. 평탄한 지형에 앞뒤 50m의 종심을 가진 곳에 설치하며 통제탑과 탄약분배대, 사격을 할 수 있는 사선이 필요하다. 또한 표적을 설치할 수 있는 구조물을 구비해야 하며, 사격시에는 안전 수기도 게양해야 한다.

4) 대한민국 육군, 『K1 · K2 · K2C1』 (2022), p. 4-17의 데이터를 활용하여 필자 그림.

영점사격 절차는 ①사수가 안정된 자세로 사격을 준비한다. 이때 입사호 또는 엎드려쏴 자세를 취한다. ②사수는 25m 영점표적지의 E표적 중앙의 노란색 원형 중앙을 조준하여 3발을 사격한다. 이때 항상 같은 자세와 접용점으로 탄착군이 형성되도록 하는 것이 매우 중요하다. 매번 자세가 흐트러지면 탄착군 형성이 되지 않고 영점을 획득하기 곤란해진다.

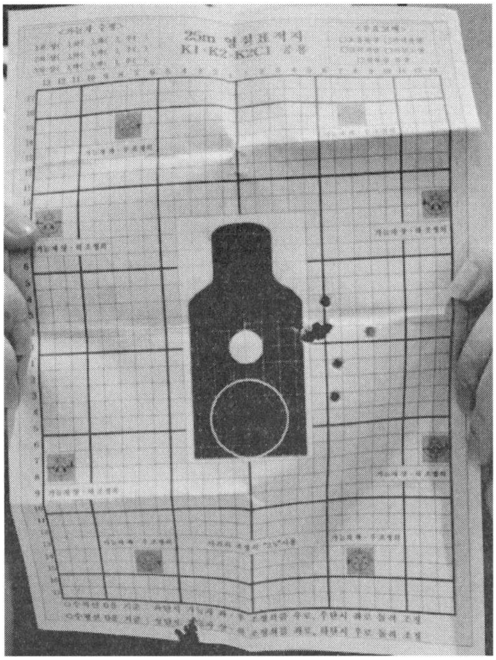

(중요한 것은 세 발씩 사격하고 매번 탄착군을 분석해서 가늠자를 조정하는 것이 중요하다. 우측 사진[5]과 같이 9발을 분석없이 한꺼번에 사격하면 비효율적이다.)

③1차 사격한 3발의 탄착군을 분석하여 탄착군 중심이 영점표적지의 노란색 조준점 하단에 있는 원형 안 중심으로 이동하도록 가늠자를 조정한다. ④가늠자를 조정한 후 다시 ②와 같은 방법으로 3발을 사격하여 탄착군을 분석한다. 분석 후 가늠자 조정이 필요하면 ③과 같은 방법으로 조정한다. 가늠자 조정은 탄착군이 형성된 위치 주변에 그려진 가늠자 조정 안내표시를 보면 혼동되지 않고 조정할 수 있다.

⑤마지막 3발 사격까지 영점획득을 마무리하며 자신의 상하, 좌우 가늠자 위치를 숙지하고 있어야 한다. 영점을 획득한 사수는 주간 기지거리사격을 실시하며 획득하지 못한 사수는 획득할 때까지 반복하며 불가할 경우 사수의 고벽, 소총의 문제를 점검한다.

일반 야전부대에서는 영점사격을 할 때 안전을 위해서 탄약분배에서부터 사격통제까지 촘촘한 절차를 부여하고 매단계마다 점검을 하게 된다. 이는 일반적으로 신병교육대 또는 일반 부대에 신병이 전입해 오면 다시 영점사격을 하게 되어 사격 군기 확립을 위해 과도하게 통제하는 면이 있다. 안전을 고려하되 사수가

5) https://blog.naver.com/teacherl22/223489008007(검색일: 2025.7.15.)

정상적인 두뇌활동을 통해 영점을 효율적으로 획득할 수 있도록 소통하는 것이 중요하다.

〈표 7〉 탄착군 분석 및 조치요령[6)]

탄착군 형태		원 인	보 완
정 상		• 자세, 조준, 호흡, 격발 등 모두 양호 	필요한 만큼 가늠자 조정, 영점획득
긴수직		• 수직 조준선정렬 착오 • 호흡정지 불량 	• 조준선정렬 숙달 • 호흡정지 숙달
짧은수직		• 수직 표적정렬 착오 	• 표적정렬 숙달
긴수평	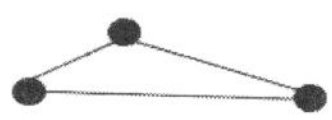	• 수평 조준선정렬 착오 • 격발 불량 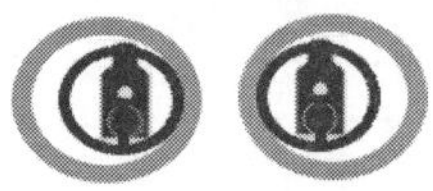	• 조준선정렬 숙달 • 격발 숙달
짧은수평		• 수평 표적정렬 착오 	• 표적정렬 숙달
산탄	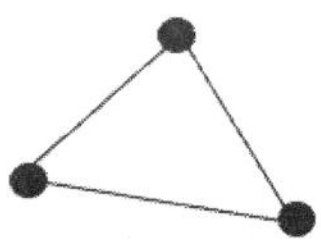	• 조준, 자세, 호흡, 격발 불량	• 정조준 숙달 • 자세, 호흡, 격발 숙달

즉, 탄착군이 형성되지 않는 사수들의 사격시 습관을 물어보고 수정해주어야 하며 사수도 잘 모르는 것은 바로바로 물어보고 배워야 하며, 본인의 습관을 고

6) 육군본부, 『병기본』 (2011), p. 27을 기초로 필자 재정리.

집하지 말고 교관의 지도를 받아들이는 자세가 필요하다. 탄착군 형성은 어느 위치에 형성되더라도 직경 3cm 원 내에 3발 모두가 가능한 밀착해서 형성되는 것이 좋다. 한발이라도 직경 3cm를 초과하는 경우는 탄착군이 형성되었다고 할 수 없으며 이럴 경우는 반드시 자세, 조준, 호흡, 격발을 다시 수정하여 탄착군이 형성되도록 사격해야 한다. 〈표 7〉은 탄착군 분석 및 조치요령을 보여주고 있다.

3. 주야간조준경 영점획득

근래에는 K2 및 K2C1 소총에 주야간조준경을 상시 부착하여 사용하고 있다. 주야간조준경 영점획득을 위해서는 조준경과 조준점의 차이를 고려하여 영점을 획득해야 한다. 가늠자와 가늠쇠를 이용하여 K100탄약을 사용하여 사격하면 25m 사거리에서 K2소총은 3.1cm 하단에 탄착군이 형성되고 K2C1소총은 3.2cm 하단에 형성된다. 그런데 100m 사거리에서는 각각 1.7cm, 1.4cm 상단에 형성되어 조준점과 차이가 거의 없다. 따라서 100m 사거리를 기준으로 조준경의 영점을 획득해야 한다.

〈그림 27〉 주야간조준경 영점조정 방법(예)[7]

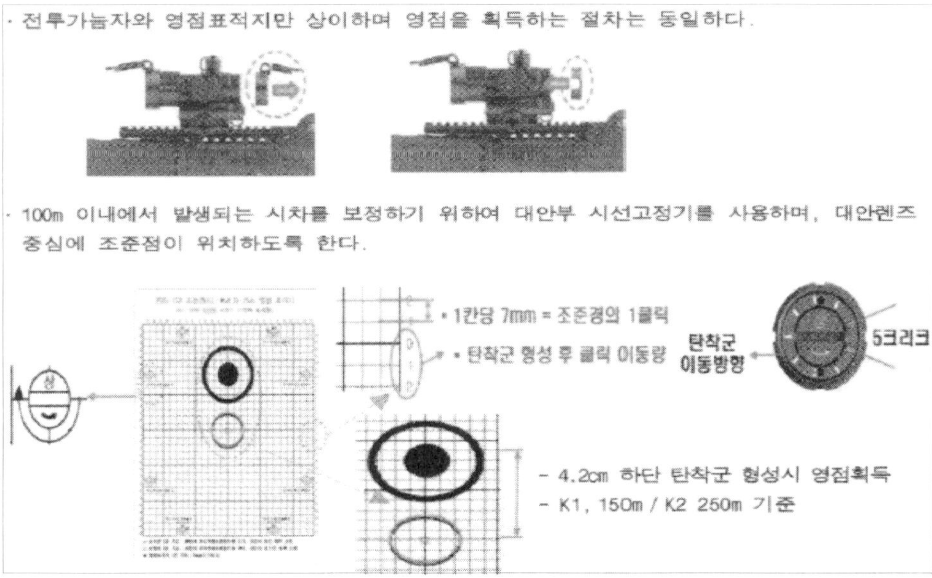

7) 대한민국 육군, 『K1 · K2 · K2C1』 (2022), p. 4-23.

100m 사거리에서 조준점과 탄착점이 일치하려면 영점표적지의 중앙 조준점으로부터 K2소총은 -5.7cm, K2C1소총은 –5.65cm의 원에 탄착군이 형성되도록 영점을 획득해야 한다. 그 이유는 조준선과 조준경간 높이 차이 1.75cm와 100m 사거리 영점을 고려하여 조정한 수치이다. 이는 조준경을 전력화하면서 많은 실험을 통해서 얻은 수치이다. 주야간조준경(PVS-11K)을 정확히 장착했을 때 K100탄을 사용하고 상하가늠자를 2.5에 위치한 상태에서 탄도곡선은 〈그림 28〉과 같다.

〈그림 28〉 주야간조준경 장착시 탄도곡선[8]

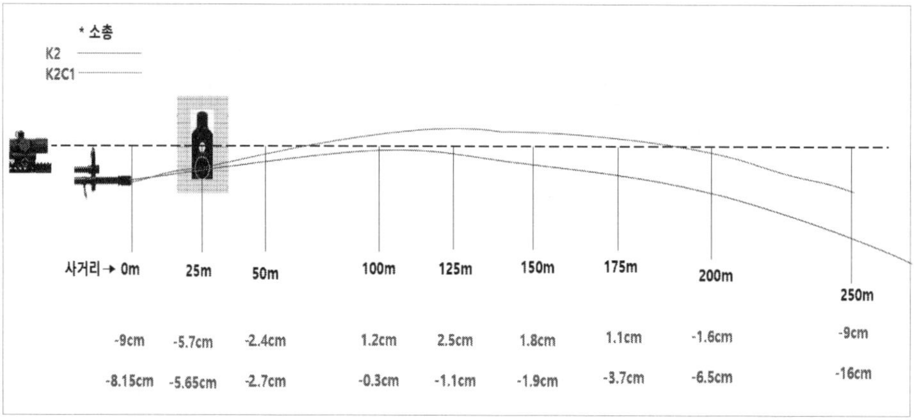

영점사격을 위해서는 주야간조준경(PVS-11K) 전용 영점표적지를 사용해야 한다. 3발을 사격후 탄착군 중심점이 조준점 하단의 5.7cm(K2C1 5.65cm)를 중심으로 한 원안에 들어가지 않으면 탄착군 중심점을 이동시키기 위해 상하좌우 영점조절 볼트를 돌린다.

1회전당 25m 사거리에서는 7mm가 이동하도록 영점표적지에 격자로 표시되어 있으므로 실제 탄착군 중심으로부터 표적지 상의 이상적 탄착군 중심점까지 격자의 칸을 상하, 좌우로 세어, 일반 영점표적지와 같이 표적지 상의 설명에 나온 대로 조작하면 된다. 조준경의 상하좌우 영점조절 볼트는 화살표로 표시되어 있어 그대로 적용하면 된다.

K2소총의 경우에는 우측 그림[9]과 같은 방법으로 비사격 영점획득을 할 수 있

8) 대한민국 육군, 『K1 · K2 · K2C1』 (2022), p. 4-27의 데이터를 기반으로 필자 그림.

다. 이는 영점사격 여건이 제한되거나 영점사격 전 가늠자와 가늠쇠에 의한 개인화기 조준점을 일치시켜 오차 범위를 줄일 수 있는 방법이다.

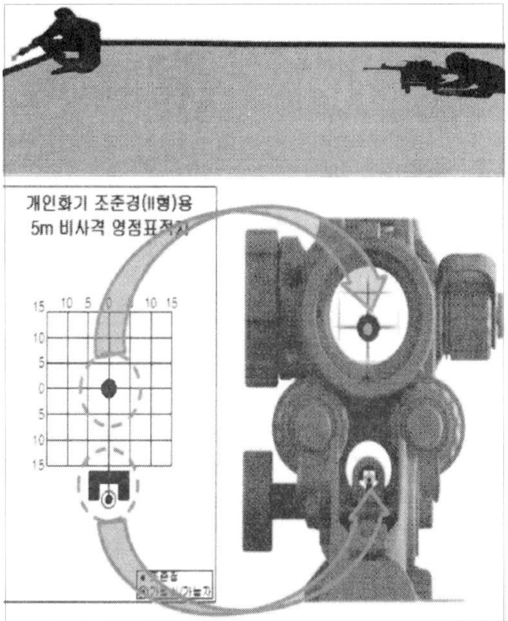

이를 위해서는 대안보호 덮개를 제거하고 대안부 시선고정기를 장착하며 영점조절부 덮개를 개방한 후 밝기를 적정수준으로 조정한다. 개머리판은 접거나 안쪽으로 밀어 넣어 표적지에서 5m 거리에 총 받침틀을 고정한다. 그리고 사수는 총기에 신체를 접촉하지 않은 자세로 조준경과 가늠자, 가늠쇠를 통해 비사격 영점표적지의 전투가늠자 기준점에 일치시키면 된다.

제2절 주간사격

주간사격은 말 그대로 낮에 사격하는 것을 의미한다. 낮과 밤은 태양광의 차이로 사람의 가시 범위에 많은 차이를 나타낸다. 주간에는 상대적으로 환하게 모든 것이 보이며 표적을 쉽게 찾을 수 있다. 따라서 주간사격은 이미 알고 있는 사거리에 표적을 설치하고 사격을 하는 기지거리사격과 가용한 공간이나 시간적 제한으로 거리를 축소하여 사격하는 축소사격으로 주로 사격훈련을 실시한다.

1. 기지거리사격

기지거리사격은 영점사격으로 자기 소총의 영점을 획득한 사수들이 실시하게 되는 사격훈련 방법이다. 실제 전투시에는 기지거리의 사격 표적과 같이 사거리

9) K2C1소총의 경우에는 조준경에 의해 가늠자가 가려지기 때문에 기준점을 잡을 수가 없어 비사격으로 영점획득을 하기는 제한된다. 대한민국 육군, 『K1 · K2 · K2C1』 (2022), p. 4-26.

가 명확하게 표시되는 경우는 거의 없다. 실시간으로 변화하는 환경에서 각종 도구와 육안으로 빠르게 탄종을 고려하여 사거리를 판단하고 상하 가늠자를 적용하여 사격해야 한다. 게다가 이동하는 표적, 바람의 영향 등을 고려하면 실시간으로 보정하거나 예측치 즉 리드[10]를 적용해야 한다.

그러나 기지거리사격은 양성교육기관에서 신병과 후보생 및 생도들에게 사격의 각종 기술을 숙달시키기 위한 효율적 방법이다. 또한 부대에서 공정하게 사격수준을 측정하거나 평가를 위해서 적용하기도 한다. 따라서 기지거리사격을 통해서 숙달된 사격 기술은 반드시 실제 전투 상황을 상정한 전투사격 훈련으로 진전되어야 전장에서 제대로 그 기술을 발휘할 수 있게 된다.

기지거리사격은 사거리를 이미 알고 있는 상황에서 사격을 하게 되므로 조준점과 탄착점의 차이를 고려했을 때 명중률을 높일 수 있다. 기지거리 사거리별 조준점, 사격기준 및 사격절차 순으로 살펴본다.

가. 기지거리 표적 사거리별 조준점

기지거리사격은 K2소총과 K2C1 소총의 경우 100m, 200m, 250m의 표적을 사격하게 된다. 그러면 소총의 상하조정쇠는 2.5에 위치시키게 된다.

또한 앞서 영점사격에서 설명하면서 이미 제시한 사거리별 조준점과 탄착점의 차이를 보았을 때 K100탄을 사용하는 K2소총의 경우 탄착점은 100m에서는 조준점의 상단 1.7cm 지점, 200m에서는 하단 3.9cm지점, 250m에서는 하단 12.7cm에 형성된다. 따라서 원하는 지점을 명중시키려면 100m에서는 그 지점의 하단 1.7cm, 200m에서는 원하는 목표 지점의 상단 3.9cm, 250m 사거리에서는 목표 지점으로부터 12.7cm 상단을 조준해야 한다.

10) 예를 들어 표적이 이동한다면 그 이동 방향과 속도 및 탄환이 날아가는 시간을 고려하여 이동하는 방향의 앞쪽의 일정한 지점을 조준을 해야 명중 확률이 높아지는 것을 의미한다. 자세한 내용은 홍희범 역, 『미 육군 소총사격교범』(호비스트, 2016), pp. 102-103을 참조.

〈그림 29〉 K2 및 K2C1 소총의 사거리별 표적의 조준점[11)]

30~100m 표적(F[12)])	30~200m 표적(E[13)])	200~250m 표적(E)
	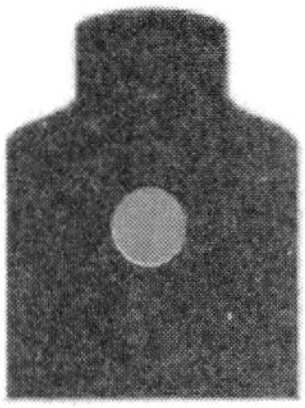	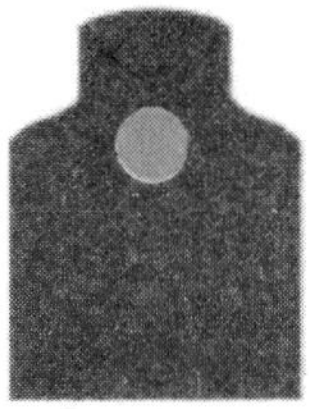

그러나 100~200m 범위의 사거리에서 편차는 3.9cm 미만으로 크지 않다. 일반적 전투에서 적 인원과 장비를 표적으로 했을 때 고려하지 않아도 될 정도이다.

기지거리사격 훈련을 위한 표적의 크기도 사거리 100m 표적은 가로 65cm×세로 49cm, 200m 및 250m 표적은 50cm×100cm이다. 따라서 200m 이내 표적에 대해서는 조준점과 탄착점의 편차를 고려하지 않고 원하는 지점을 정확히 조준한다.

다만, 250m 사거리의 표적에 대해서는 표적의 상단 12.7cm를 조준하는 것이 논리적으로 타당하고 실제도 그렇게 훈련을 해야 명중률을 높일 수 있다. 〈그림 26〉에서 빨간 원은 K2 및 K2C1 소총의 사거리별 표적의 조준점을 표시하고 있다. K2C1의 탄도곡선을 사거리별로 보다 정밀하게 적용하려면 K2조준점에서 0.3(사거리 100m)~2.3cm(사거리 250m) 위쪽을 조준해야 한다.

나. 사격기준

기지거리사격은 총 20발을 기준으로 입사호 사격 10발, 전진무의탁 사격 10발을 한다. 입사호 사격은 사격용 참호 안에서 사대에 팔을 의탁할 수 있어 안정적으로 사격이 가능하다. 전투 시에 방어진지 내의 참호에서 진내로 다가오는 적을 사격하는 것을 가정한 사격 훈련을 한다.

전진무의탁 사격은 100m와 200m는 앉아쏴 또는 무릎쏴 자세로, 250m는 엎드려쏴 자세로 사격한다. 10발을 기준으로 표적은 250m, 100m, 200m 순으로

11) 대한민국 육군, 『K1 · K2 · K2C1』(2022), p. 4-29.
12) F표적은 Face의 약칭으로 얼굴만 보이는 것을 가정한 표적임.
13) E표적인 Eject의 약칭으로 튀어나온, 즉 상반신 약 1m 정도가 돌출된 표적을 의미함.

두 번 사격하고 250m, 200m, 100m, 200m로 마무리하게 된다. 보통 이 순서는 '멀가중멀가중멀중가중'이라고 암기한다.

표적이 노출되는 시간은 설정하기 나름이지만 250m는 10초, 200m는 7초, 100m는 5초 이내에 사격해야 한다.

〈사진 8〉 기지거리사격장[14)]

근래에는 사격장의 규모와 부대 여건에 따라 사격기준을 달리 적용하는 경우도 있다. 표적의 선택도 모두 E표적을 사용하고 사거리별 사격 발수와 순서도 다르게 적용하기도 한다. 전진무의탁 사격도 일괄적으로 엎드려쏴로 일원화하여 적용하는 경우도 있다.

〈표 8〉 K2/K2C1 소총의 기지거리사격 기준(예)[15)]

구 분	사격기준		
표 적	E	F	F
입사호 사격	5발	4발	1발
엎드려쏴 사격	4발	5발	1발
표적 노출시간	5초	7초	10초

14) http://www.gobalnews.com/news/articleView.html?idxno=23296(검색일: 2025.7.15.)
15) 대한민국 육군, 『K1 · K2 · K2C1』 (2022), p. 4-30.

다. 사격절차

사격조 편성은 사격장의 구조에 따라 가용한 사로를 고려하여 편성하게 된다. 만약 8개 사로가 가용하면 8명이 1개조가 되며 제1조 8명이 사수면 제2조 8명은 부사수가 된다. 제3조는 탄약을 받고 대기하는 대기조이며 나머지 조는 사격술 훈련을 하다가 순서대로 이동하여 대기 - 부사수 - 사수 조로 차례로 이동한다.

사격 간 발생하는 기능 고장은 스스로 조치할 수 있어야 하며, 사로별 조교와 좌선 및 우선 통제관은 밀착하여 안전통제를 담당한다. 중앙에는 주 통제관이 전체적으로 통제를 담당한다. 사격장에는 항상 군의관 및 의무병이 대기하면서 긴급 의무상황에 대비해야 한다.

사격을 진행하다가 사수의 잘못이 아닌 총기 자체의 결함이나 표적의 작동 이상 등 기계 고장일 경우에는 고장 조치가 끝난 후 주 통제관에 의해 사격하지 못한 표적에 대한 사격 기회를 부여할 수 있다.

사격 통제는 안전에 우선을 두며 사수는 사격통제관의 모든 명령에 복명복창해야 한다. 사격절차는 통제관의 명령에 의해 진행되며 조별로 사대로 올라오게 되면 먼저 입사호 사격을 하게 된다. ①사수 입사호 안으로 ②사격 준비 ③사격 개시 ④사격 끝 안전 검사 ⑤노리쇠 후퇴 고정 후 입사호 밖으로 순으로 진행된다. 전진무의탁 사격은 ①전진무의탁 사격 준비 ②준비된 사수 사격 개시 ③사격 끝 안전 검사 ④노리쇠 후퇴 고정 후 퇴장 순으로 진행된다.

실제 사격 준비 단계에서 탄피를 회수하기 위한 탄피 받이를 소총에 장착하게 되는데 부대별로 사용하는 탄피 받이가 상이하므로 미리 숙달해야 한다. 사격을 전원이 종료한 후 탄피에 이상이 있으면 사대 일대를 수색하여 찾아야 하므로 부사수는 사수가 사격할 때 탄피가 탄피 받이를 벗어나 튀어 나가는 경우도 잘 확인하여야 한다.

2. 축소사격

축소사격은 기지거리사격을 축소해서 사격하는 것으로 보통 25m 사거리의 영점사격장에서 실시한다. 따라서 실거리 표적의 비율도 25m 거리에 비례하여 축소한 표적을 사용한다. 다만 시설이 가능하다면 입사호 사격과 전진무의탁 사격은 기지거리사격과 동일하게 적용하는 것이 좋다. 사격 발수도 입사호 10발, 전진무의탁 10발로 동일하게 적용한다. 축소표적지는 100m F표적은 1/4(25%)로 축소되며, 200m는 1/8(12.5%), 250m는 1/10(10%)로 축소되며 그 크기는 〈그림 30〉과 같다.

〈그림 30〉 축소표적지 크기[16)]

구분	100m 표적(F)	200m 표적(E)	250m 표적(E)
실제 표적	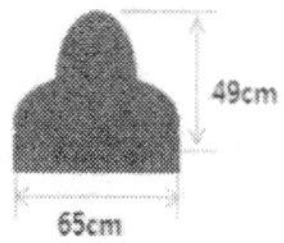	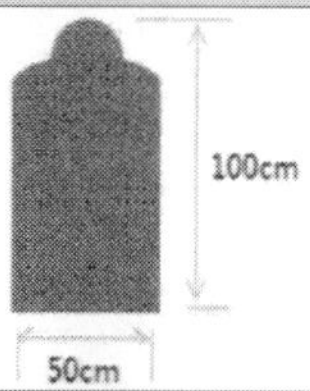	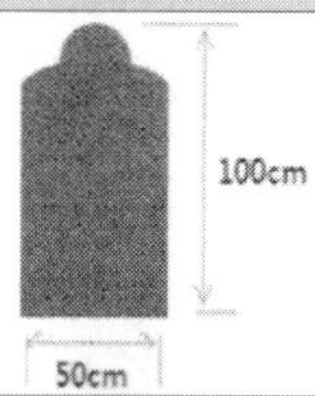
축소 표적	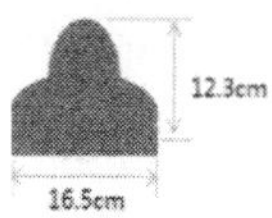	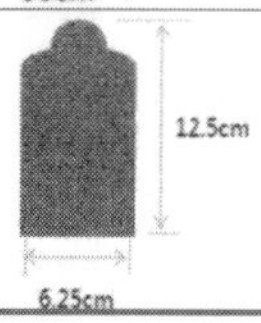	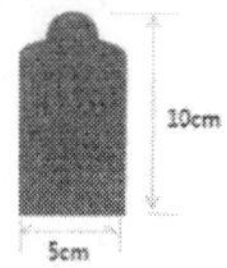

실제로 축소사격을 할 때에는 축소 표적을 가로 또는 횡으로 A4용지에 한꺼번에 적절한 간격을 두고 인쇄하여 〈그림 31〉와 같이 만들어 사용한다. 부대에 따라 100m 표적을 F표적 대신에 E표적을 사용하기도 하며 A4용지에 축소표적을 종으로 편집해서 활용할 수도 있다.

합격판정은 축소표적지의 노란색 조준점 하단에 위치(조준점과 탄착점 편차인 3.1cm 아래)한 3cm 원내에 탄착군이 형성된 발수를 합산하여 계산한다.

16) 대한민국 육군, 『K1 · K2 · K2C1』 (2022), p. 4-34.

〈그림 31〉 A4지(횡)를 이용한 축소표적지 제작(예)[17]

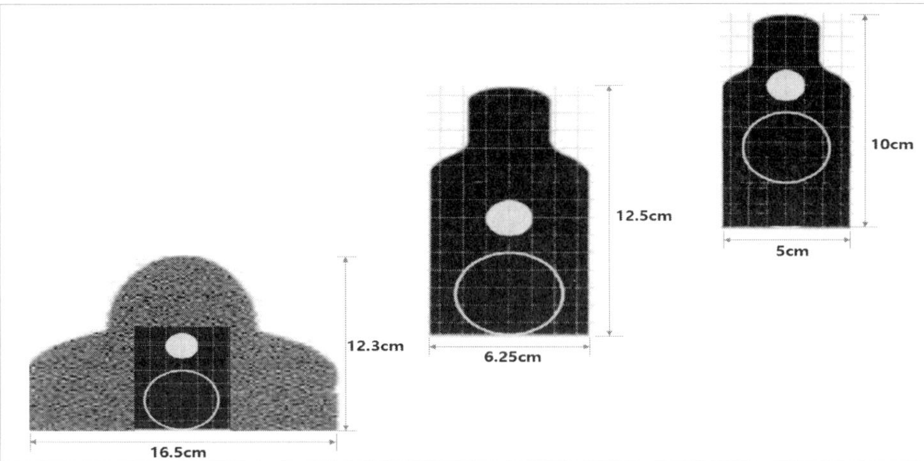

축소사격의 장점은 기지거리사격의 경우 기계적 작동이 원활하지 않을 경우 250m까지 왔다 갔다 하면서 표적을 확인해야 하는 수고를 덜 수 있다. 축소사격의 경우 단거리에서 사격과 표적 확인이 가능하기 때문에 효율적으로 측정 및 평가를 할 수 있다. 특히 영점획득과 병행할 수 있는 장점이 있으므로 후방지역 예비군훈련시 대부분의 부대가 축소사격을 실시하고 있다.

〈사진 9〉 축소사격장에서 예비군 사격 장면[18]

17) 필자 정리.
18) https://n.news.naver.com/mnews/article/001/0007606295(검색일: 2025.7.15.)

3. 모의 사격훈련과 발전

모의 사격훈련은 사격을 하는 모양만으로도 실제 사격훈련과 같은 효과를 거둘 수 있는 것을 의미한다. 일반적으로 기존에는 비사격 훈련으로 불리었으며 영점표적지나 축소표적지를 원통, 사열대, 벽면 등에 부착하여 자세, 조준, 호흡 및 격발 훈련을 실제 사격은 하지 않고 종합적으로 숙달하는 것이다. 사수로부터 25m 거리를 두고 사용하는 조준훈련용 감사적, 감사틀을 사용하면 효과적으로 비사격을 통해서도 사수가 어디를 조준해서 사격했는지를 알 수 있으므로 분석 및 현장 지도가 가능하다.

훈련은 2인 1조로 실시하며 사수는 처음에는 총 받침틀을 사용하여 훈련을 할 수 있다. 그러나 숙달되면 총 받침틀을 굳이 사용하지 않아도 된다. 조수는 감사틀 위에 앉아 사수가 조준하는 위치로 이동시키면서 감사적을 대고 정조준 및 호흡정지 격발을 하여 사격이 완료된 후까지 고정된 위치의 조준점을 감사적의 구멍을 통해 표시한다. 이렇게 비사격을 통해 표시된 점들이 0.7cm(가늠자 1크리크 당 편차 고려) 원안에 탄착군을 형성해서 들어가야 한다.

〈사진 10〉 감사틀, 감사적, 총 받침틀[19)]

그러나 과학화와 함께 효율성 차원에서 최근에는 비사격 훈련도 레이저 기반 훈련체계가 발전하고 있다. 초기에는 레이저 기반 모의 영상사격 시뮬레이터를 개발하여 일부 예비군 및 기초사격에 적용하였다. 그러나 레이저의 직진성으로 인해 전장상황에서 중력과 바람의 영향을 고려하지 못하는 단점이 있었다. 이후 가상현실에서 비 레이저 기반 정밀사격 훈련체계(MARS: Medium-range Assault Rifle Shooting simulator) 초기 모델을 개발하고 이를 발전시켜 모의

19) 대한민국 육군, 『K1 · K2 · K2C1』 (2022), p. 3-17.

사격훈련이 가능한 다목적 전투훈련 시뮬레이터(MARS: Multi-purpose Assault tRaining Simulator)의 성능을 향상시키고 있다.[20]

이러한 훈련체계는 끊임없이 가상현실(Virtual Reality), 증강현실(AR: Augmented Reality), 혼합현실(MR: Mixed Reality), 확장현실(XR: Extended Reality)을 활용하여 과학화 합성 전장훈련체계를 구축함으로써 안전, 효율성 증대, 민원 및 환경문제 해소, 자원절약 등을 동시 추구하고 있다.

나아가 최근에는 사격을 하는 동안 사수들의 뇌파를 측정하여 개인별 데이터를 축적하여 적정한 뇌파 상태에서 격발이 이뤄지도록 뇌-컴퓨터 인터페이스 기술을 적용하는 등의 연구로 나아가고 있다. 이는 일종의 인공지능이 결합된 사격술 시스템이 될 것으로 보인다.

〈영상 13〉 모의 사격훈련 체계(예)[21]

20) 이현엽 · 현승주 · 이상규 · 이병학, "성격과 효능감이 사격술에 미치는 영향: 메타버스 기반 영점 사격 및 실탄 사격을 중심으로," 『한국콘텐츠학회논문지』 (제23권 제12호, 2023), pp. 519-520.

21) https://www.youtube.com/watch?v=kWaQlh7oLMc(검색일: 2025.7.24.)

제3절 야간사격

주간사격과 달리 야간사격은 밤에 사격하는 것을 의미한다. 야간은 일몰 이후 어둠이 짙게 드리운 이후부터 일몰 이전 날이 밝기 전까지이다. 군에서 야간작전은 해상박명종(EENT: End of Evening Nautical Twilight) +30분 이후부터 해상박명초(BMNT: Beginning of Morning Nautical Twilight) -30분까지를 기준으로 한다. 야간투시경이나 표적지시기 등이 없다면 오직 야간가늠자와 야광가늠쇠에 의지해 육안과 감각기관을 최대한 활용해서 사격해야 한다.

1. 야간표적 식별

주간이나 야간이나 사격술 원리는 동일하므로 조준선 정렬과 표적 정렬을 정확히 실시하는 정조준 하에서 표적에 명중할 확률이 높아진다. 사거리별 조준점과 탄착점의 편차도 동일하게 존재한다. 다만 직접 비추던 태양광이 지구 반대편으로 사라짐으로써 눈으로 표적을 식별할 수 있는 능력이 급격히 감소한 상태이다.

제한된 눈의 표적식별 능력을 보완해 주기 위해서 야간가늠자는 주간보다 더 큰 원으로 설치되어 있다. 또한 표적을 지향하는 가늠쇠 중앙 상단에는 야광 물질로 표시된 야광가늠자가 있다. 야간사격술은 사수가 가늠자와 가늠쇠, 표적이 보이지 않는 어두운 상황에서의 특성을 이해하고 야간가늠자와 야광가늠쇠를 활용하여 사격하는 기술을 의미한다.22)

따라서 최우선적으로 주변 환경이 어두운 상황에서 표적을 식별하는 것이 관건이다. 야음에서 표적을 식별하기 위해 사용되는 사람이 가진 눈의 특성 3가지를 활용하는 것이 중요하다.

가. 적응시

사람의 눈은 밝은 환경에서 갑자기 어두운 환경으로 바뀌게 되면 일시적으로 마비 현상이 있어 일정 시간 동안 가까운 주변의 사물까지 보이지 않게 된다. 그

22) 주야간조준경과 야간투시경 및 표적지시기 등을 활용하는 경우에는 특별한 야간사격술이 필요하지 않으며 기계적인 표시와 보이는 표적, 지시하는 표적에 대해 사격을 하면 되기 때문에 이를 야간사격술이라고 하지는 않는다.

러나 일정 시간이 경과하면 눈의 동공이 확장되고 적응이 되면서 점차적으로 더 많이 더 잘 보이게 된다. 보통은 30분 정도 소요되며 빠른 경우는 8분 만에 회복되는 사람도 있다. 과학적 설명으로는 암적응이라고 하며 어두운 곳에 있으면 시간이 지나야 점차 보이게 되는 현상이다. 암적응은 시신경 세포와 망막의 변화를 통해 가능해진다.

어두운 곳에 있으면 시신경 세포는 더 많은 빛을 포착하기 위해 민감도를 높인다. 이는 시신경 세포 내의 멜라노프신(Melanopsin)이라는 물질이 분해되면서 일어납니다. 멜라노프신은 빛을 흡수하는 물질이기 때문에 분해되면 시신경 세포가 더 많은 빛을 포착할 수 있습니다. 어두운 곳에 있으면 망막의 막대세포도 더 활성화된다. 막대세포는 빛에 민감한 세포이며 어두운 곳에서도 볼 수 있도록 돕는다. 막대세포는 빛을 감지하면 신경 전달 물질을 방출하여 시신경 세포를 자극한다. 암적응에 걸리는 시간은 개인마다 다르지만 일반적으로 약 30분 정도 걸린다. 젊은 사람은 암적응 속도가 빠르고 나이가 들수록 암적응 속도가 느려진다. 근시가 있는 사람은 암적응 속도가 느릴 수 있으며 밝은 빛을 보면 암적응이 방해된다. 카페인이나 니코틴은 암적응 속도를 느리게 할 수 있다.[23)]

나. 이원시

주간에는 보고자 하는 대상물과 눈의 수정체인 원추형 세포가 일직선을 이루어 명확하게 대상물을 식별할 수 있다. 그러나 야음에서는 사물을 인식하는 원추형 세포[24)]가 제 기능을 발휘하지 못하면서 표적을 식별하기 어렵다. 이럴 경우 표적을 직접 주시하기보다는 대상물의 원점에서 이격하여 상하좌우로 약 6°~10°를 비켜 보면 간상세포(시홍)[25)]에 상이 맺혀 표적의 식별이 가능해 진다.

---

23) https://www.a-ha.io/questions/47b0f5c23627b3d0a55c6738458202c4 (검색일: 20 25.7.16.)

24) 원추세포는 눈의 망막에 있는 시세포의 일종으로, 색깔을 감지하는 역할을 한다. 특히 밝은 빛에서 색깔을 구분하는 데 중요한 역할을 하며, 망막의 중심부인 황반에 집중적으로 분포한 세포로 0.1Lux(1Lux는 촛불 1개 밝기) 이상의 빛을 감지할 수 있다. 사람의 눈은 적색, 녹색, 청색의 가시광선을 인식하여 주변의 색깔을 구분한다. https://ko.wikipedia.org/wiki/원추세포(검색일: 2025.7.16.)

25) 막대세포(rod cell), 간체 또는 간상세포(杆狀細胞)라고 하며, 눈의 망막에 위치한 광수용체이며, 또 다른 타입의 광수용 세포인 원추세포와는 다르게 약한 빛을 감지한다. 세포의 모양이 원기둥 모양이어서 간상세포라는 이름으로 부르게 되었다. 간상세포는 망막의 주변부에 위치해 있어서 시각의 부수적인 역할을 한다. 평균적으로 인간의 망막에는 약 9천

다만, 간상세포에 상이 맺히는 시간이 매우 짧으므로 주변시와 병행하여 표적을 인식해야 한다.

〈그림 32〉 원추세포(좌)와 간상세포(우) 모양 및 구조[26)]

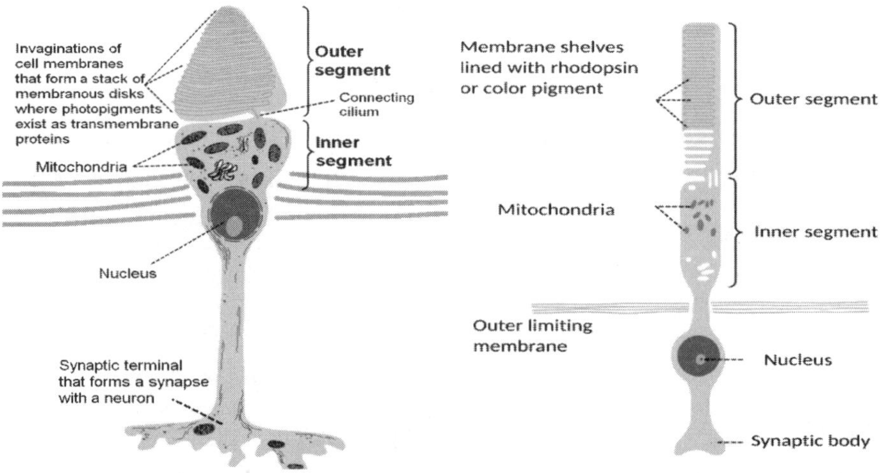

다. 주변시

야음에서 보고자 하는 사물이나 지역의 주변을 시축을 중심으로 불규칙하게 움직이면 더 쉽게 식별할 수 있는 데 이를 주변시라고 한다. 주변시(peripheral vision), 주변 시력 또는 간접 시력(indirect vision)이라고도 하며 고정 지점 외부, 즉 시선 중심에서 멀어지거나 큰 각도로 볼 때 '눈의 구석' 안(또는 바깥)에서 발생하는 시각이다. 시야 영역의 대부분은 주변 시야의 개념에 포함된다. 원거리 주변시는 시야의 가장자리에 있는 영역을 의미하고, 중간 주변시는 중간 편심을 의미하며, 주변 근처시(주변시)는 시선의 중심 시야에 인접하여 존재한다.

이원시를 적용하여 표적을 식별하면 약 2~3초 후가 되면 상이 흐려져서 더 이상보이지 않게 된다. 이는 간상세포의 시홍이 소멸되어 기능이 마비되는 것이므로 이를 극복하기 위해서는 주변시, 즉 시축을 중심으로 불규칙하게 주변을 살펴봄으로써 가능하다. 예를 들어 사거리 50m를 기준으로 했을 때 표적 중심으로

2백만 개의 간상세포가 있다. 간상세포는 원추세포보다 더 민감해서 야간에는 시각 대부분을 담당한다. https://ko.wikipedia.org/wiki/간상세포(검색일: 2025.7.16.)

26) https://ko.wikipedia.org/wiki/원추세포·간상세포(검색일: 2025.7.16.)

부터 시축에서 5~9m정도 상하좌우로 불규칙하게 빗겨서 관측하면 된다. 이렇게 하면 간상부에 표적의 상이 맺히게 되어 표적을 식별할 수 있게 된다.[27)]

〈그림 33〉 주간 시각(위)과 야간에 이원시와 주변시를 적용한 시각(아래)[28)]

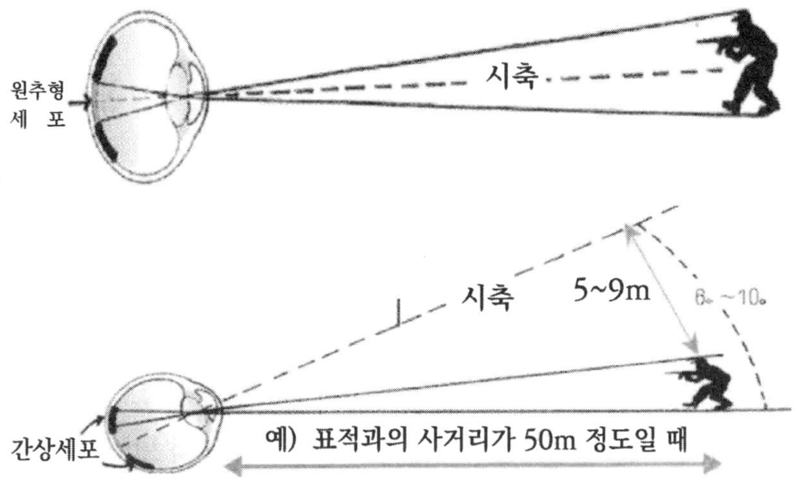

2. 야간사격 방법

앞에서 살펴본 야간 시력 제한의 특성을 고려하여 사수가 최소 30분 이상 어둠에 적응하여 적응시가 가동될 수 있도록 해야 한다. 주변의 작은 불빛도 민감하게 반응함으로 플래시가 필요할 경우에도 적색 필터를 사용하는 등 주의해야 한다.

야간표적 식별을 숙달하기 위해서는 적응시가 가능해진 사수는 이원시와 주변시를 이용해서 표적을 찾을 수 있도록 해야 한다. 만약에 표적이 공제선상에 노출된 상태라면 하늘에 반짝이는 별과 달빛에 의해 상대적으로 검게 식별되는 표적을 구별하는 것이 중요하다.

야간에는 주간에 사용하는 가늠자와 가늠쇠가 보이지 않으므로 ①야간가늠자와 야광가늠쇠를 이용하는 방법 ②가늠자뭉치상단과 야광가늠쇠를 이용하는 방법으로 조준을 할 수 있다.

27) 대한민국 육군, 『K1 · K2 · K2C1』 (2022), pp. 3-28~3-29.
28) https://ko.wikipedia.org/wiki/주변시(검색일: 2025.7.16.)

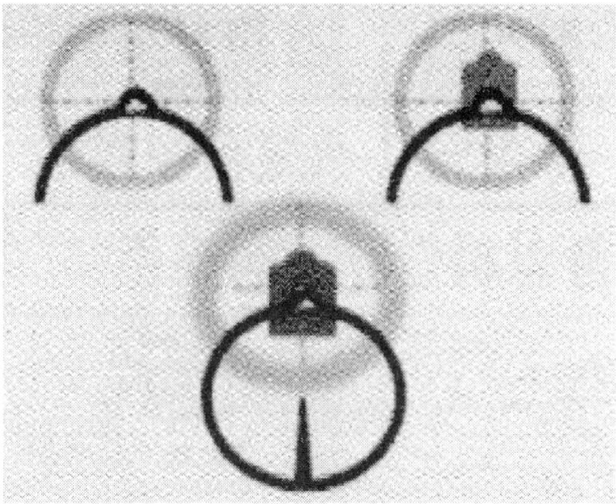

첫째, 좌측 그림에서 보는 방법으로 야간가늠자와 야광가늠쇠를 이용하는 것은 어둡더라도 표적과 야간가늠자 구멍이 어느 정도 식별되는 조건에서 사용한다. 야간가늠자를 세우고 야광가늠쇠의 야광 표시를 야간가늠자의 정중앙에 위치시켜 조준한다. 세부적으로는 야간가늠자의 구멍 중심에 가상의 수직과 수평선을 긋고 교차되는 중앙 십자선에 가늠쇠울 상단의 야광가늠쇠를 일치시킨 후 표적의 중앙을 조준한다. 이때 신형 야간가늠자는 사각형으로 그대로 표적의 중앙을 조준하면 되고, 구형 원형 야간가늠자는 사거리 50m 기준으로 표적 중앙에서 20cm 윗부분을 조준한다.

둘째, 가늠자뭉치상단과 야광가늠쇠를 일치시키는 방법은 야음이 극심하여 야간가늠자의 구멍이 보이지 않을 경우 사용한다. 이때에는 야간가늠자를 접어서 사용하지 않으며 양쪽 눈을 뜨고 뺨을 개머리판에 밀착한다. 그리고 평상시 접용점보다 뺨을 1~2cm 올려 밀착시키고 가늠자뭉치 상단 수평선상의 중심에 야광가늠쇠를 일치시킨 후 표적의 상단을 조준한다. 상단을 조준하는 이유는 이 방법을 적용하면 50m 사거리를 기준으로 조준점의 약 80~90cm 하단에 탄착군이 형성되기 때문이다.

〈그림 34〉 가늠자뭉치 상단과 야광가늠쇠를 이용한 야간 조준[29]

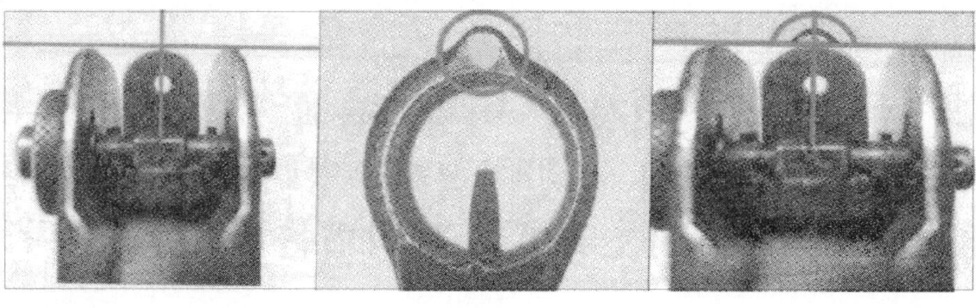

---

29) 대한민국 육군, 『K1 · K2 · K2C1』 (2022), pp. 3-31.

야간사격은 보통 50m 사거리에 E표적을 설치하고 1인당 10발씩 한 번에 사격을 한다. 사격 조편성 및 절차는 주간사격과 동일하며 사격이 완료되면 바로 표적 확인을 한다. 이때 플래시를 사용하더라도 적색 필터를 사용하여 불필요하게 다음조가 적응시를 위해 30분 이상 대기하지 않도록 해야 한다.

3. 최근 야간사격 경향

최근에는 소총에 주야간조준경(PVS-11K)과 야간투시경(PVS-04K)의 보급이 확대되었고 이를 평소에도 장착한 상태에서 사격하는 것으로 진화하였다. 특히 좌측 영상[30]에소 보듯이 DMZ작전을 수행하는 부대에서는 전투장비를 작전수행시 계속 사용하고 있으므로 소총과 육안에만 의지한 방식은 어쩔 수 없는 전장 상황 속에서 사용하는 것으로 변화하였다.

게다가 장착대에 고정 가능한 플래시를 달아 활용한다면 야간사격은 사실상 의미가 없어지게 된다. 플래시는 스위치로 언제든지 켜고 끌 수 있는(On/Off) 기능을 갖추는 것이 좋다.

주야간조준경은 일반적으로 도트(Dot)사이트라고 불리며 빨간색 빛이 조사되어 표적을 가리키게 되며, 영점을 조정할 수 있게 되어 있어 조준점에 탄착하기 위해서는 영점을 미리 획득해서 사용해야 한다.

주야간조준경은 K2의 경우에는 장착대를 먼저 부착한 후 설치하게 되며, 피카티니 레일을 달고 있는 K2C1의 경우에는 그대로 장착해서 사용할 수 있다. 순서는 먼저 ①건전지와 렌즈 보호덮개를 결합하고 ②장착대를 결합하며, ③조준경을 장착한다.

첫째, 건전지와 렌즈 보호덮개 결합은 먼저 대물 및 대안렌즈 보호덮개를 손으로 밀어서 결합한 후 건전지 덮개를 열고 건전지의 음극(-)이 안쪽으로 들어가게

30) https://www.youtube.com/shorts/GzlsgaENKpY(검색일: 2025.7.22.)

1개씩 결합한다. 건전지 결합 후에는 덮개를 시계 방향으로 돌려 잠그며, 장시간 동안 사용하지 않을 경우에는 건전지를 분리하여 보관한다.

〈그림 35〉 건전지와 렌즈 보호덮개 결합[31)]

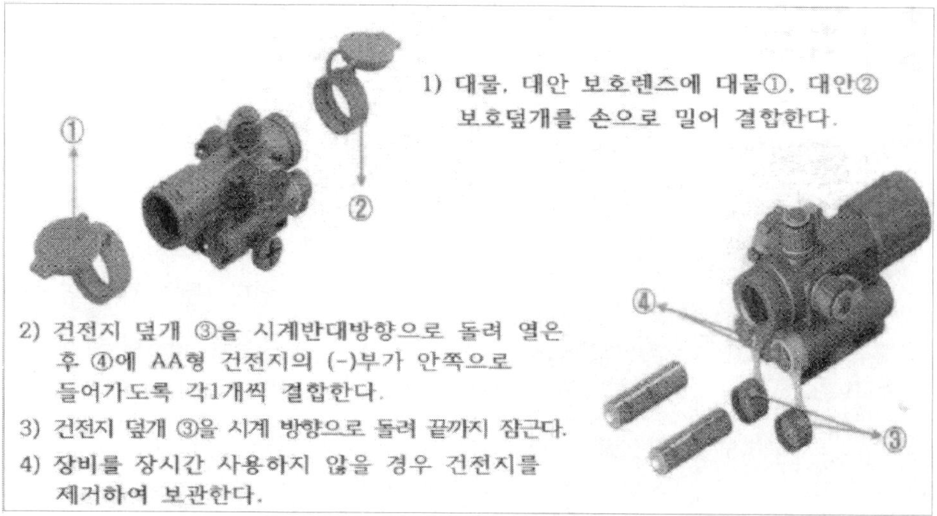

둘째, K2소총에 장착대를 결합하는 것은 상단부의 조준경 나사를 일(一)자 드라이버로 제거하고 장착대를 결합한다. 이때 볼트 구멍을 조준경 나사 구멍과 일치시킨 후 둥근머리렌치를 이용하여 장착대를 결합하면 된다.

31) 대한민국 육군, 『K1 · K2 · K2C1』 (2022), pp. 2-37.

〈그림 36〉 장착대 결합[32]

셋째, 주야간조준경 결합은 조준경의 잠금손잡이를 시계반대 방향으로 풀어놓고 장착대에 고정축을 일치시킨 후 잠금손잡이를 다시 시계 방향으로 잠그고 고정하여 장착한다.

32) 대한민국 육군, 『K1 · K2 · K2C1』(2022), pp. 2-39; https://blog.naver.com/yanagi 0221/30163076918(검색일: 2025.7.25.)

〈그림 37〉 주야간조준경과 장착대 결합33)

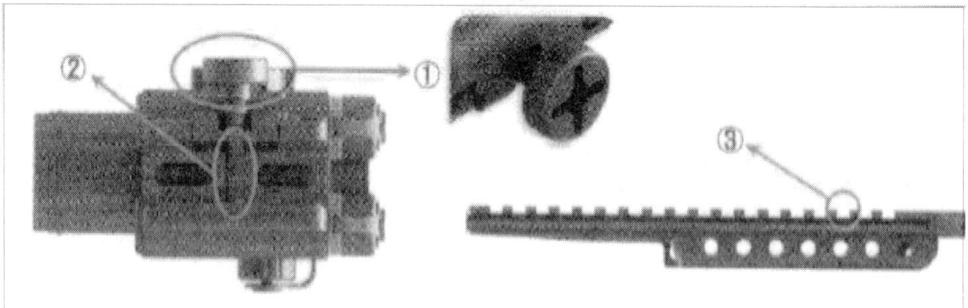

1) 잠금손잡이①을 시계반대 방향으로 풀은 뒤 장작대 고정축②를 각 장착대의 홈③에 일치시킨다.
2) 잠금손잡이①을 시계방향으로 돌려 고정한다.
(잠금손잡이 측면의 +홈에 영점 조절기를 사용하여 견고하게 장착한다.)
※ 잠금손잡이①을 견고하게 잠그지 않을 시 장비의 고장 및 영점의 편차를 발생시킴

주야간조준경을 결합하고 야간사격을 보다 효율적으로 하기 위해서는 야간투시경을 결합하여 사용한다. 야간투시경의 장착은 장착홈과 장착대의 들기를 일치시킨 후 잠금손잡이를 시계 방향으로 돌려 잠그면 설치된다. 이때 잠금손잡이를 견고하게 고정해야 장비의 고장을 방지할 수 있다.

〈그림 38〉 야간투시경 결합34)

· 단안형 야간투시경의 장착홈①과 장착대의 들기②를 일치시킨 후 잠금손잡이③을 시계방향으로 돌려 잠근다.
※ 잠금손잡이③을 견고하게 고정해야 장비의 고장을 방지할 수 있다.

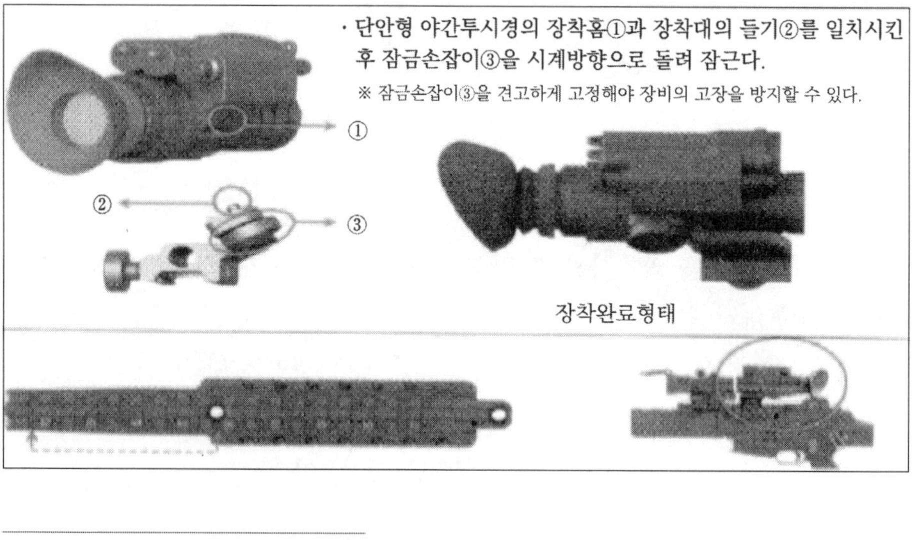

33) 대한민국 육군, 『K1 · K2 · K2C1』 (2022), pp. 2-40.
34) 대한민국 육군, 『K1 · K2 · K2C1』 (2022), pp. 2-40.

이때 주의할 사항은 장착 홈에는 장착위치 식별번호가 있으며, 최초 운용자는 야간투시경의 장착 위치를 확보한 K2 및 K2C1 소총의 경우 T1~T9 사이의 식별번호 중에서 가장 편한 위치에 장착하여 영점을 획득한다.

〈그림 39〉 야간투시경 사용[35]

- 단안형 야간투시경을 조준경과 같이 장착대에 견고하게 장착 후 개인의 시력 및 조준거리에 맞추어 반드시 정확하게 초점 및 밝기조절을 해야한다.
  ① 밝기조절 스위치를 조절하여 적정밝기로 조절한다.
  ② 영상화면이 가장선명하게 나타나도록 대안 초점조절 손잡이를 이용하여 조절한다.
  ③ 표적을 관측하면서 선명한 영상화면을 얻을 때까지 대물 초점조절손잡이를 이용하여 초점을 조정한다.

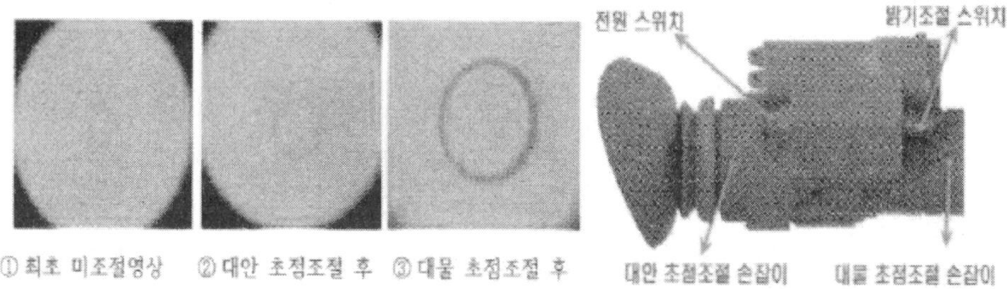

야간투시경을 주야간조준경과 같이 장착대에 견고하게 장착해서 사용하며, 개인의 시력과 조준거리에 맞추어 정확하게 초점 및 밝기를 조절해야 한다. 밝기 조절은 스위치를 작동해서 하며 영상화면이 가장 선명하게 나타나도록 대안 초점 조절 손잡이를 이용해서 조절한다. 또한 표적을 관측하면서 선명한 영상 화면을 얻을 때까지 초점조절손잡이를 이용하여 조정한다.

35) 대한민국 육군, 『K1 · K2 · K2C1』 (2022), pp. 2-40.

〈영상 14〉 조준경의 이해[36]

〈영상 15〉 야간투시경의 이해[37]

36) https://www.youtube.com/watch?v=dGeSX5TSX2c(검색일: 2025.7.22.)
37) https://www.youtube.com/watch?v=rzdgv4aRCk4(검색일: 2025.7.22.)

제5장

전투사격술: 공격 · 방어 전투사격

제1절 공격전투사격
제2절 방어전투사격

제5장

전투사격술: 공격 · 방어 전투사격

사실상 개인의 사격기술을 향상시키기 위한 영점사격과 기지거리사격에 숙달되었다면 전투사격술을 통해 단체 즉, 분대나 소대 등의 제대별 전투사격술을 연마하게 된다. 소부대 전투사격술은 전투가 주로 공격과 방어로 대별되는 바 공격사격과 방어사격으로 구분된다.

제1절 공격전투사격

공격은 공격하는 부대가 주도권을 가지고 기동과 화력 등으로 원하는 목표를 확보하는 것이다. 공격전투사격은 그러한 공격의 목적을 달성하기 위해 공격이 이뤄지는 동안 개인과 부대 차원에서 실시하는 다양한 무기들을 사격하는 것을 의미한다. 대부대일수록 제병협동사격으로 곡사화기와 직사화기를 통합한 사격이 요망된다. 그러나 여기에서는 K2와 K2C1 소총을 사용하는 보병 개인화기 사용 전투원들의 공격전투사격 행동과 최근 경향을 중심으로 설명한다.

1. 사격과 기동

공격 전투에서 K2 및 K2C1 소총을 사용하는 보병전투원들은 조, 분대, 소대를 구분하여 사격과 기동 혹은 엄호와 전진, 나아가 주공과 조공이라는 역할을 하게 된다. 만약 2명이 1개조가 되어 공격을 하더라도 적과 접촉이 예상되는 또는 접촉한 상황에서는 한명은 전진, 한명은 엄호로 구분하여 공격이 진전된다.

결국 공격 행위는 목표를 향해 앞으로 나아가는 행위와 사격을 통해 적을 무력화시키는 행위가 결합되어 나타난다. 물론 전진하면서 사격을 병행하기도 하며 일정 거리를 전진하면 엄호 또는 지원하던 조가 교대하여 전진해야 한다. 이때부터는 역할이 바뀌어 전진하던 조는 은폐, 엄폐된 지형지물을 이용하여 엄호 사격을 한다. 그리고 지원, 엄호하던 조는 전진, 기동하게 된다. 이를 총칭하여 사격과 기동이라고 한다.

따라서 기지거리사격에서 전진무의탁 사격은 필수적으로 훈련이 되어야 하며, 엎드려쏴, 앉아쏴, 무릎쏴 등의 각종 사격자세를 숙달해야 되는 것이다. 적이 사격할 때 전진해야 한다면 포복으로 이동하므로 포복(높은 포복, 낮은 포복, 응용포복 등)도 기동의 방법으로 필수이다.

이외에도 사격과 기동을 위해서 가장 중요한 기본기술로는 엄호 또는 지원을 하기 위한 지형지물을 이용한 은폐, 엄폐와 기동과 전진을 위한 기초기술은 약진이 가장 중요하다.

가. 지형지물이용 은폐[1], 엄폐[2]하 사격 지원

방어하는 적이 공격하는 아군에 대해서 사격을 하고 있는 상태에서 사격과 기동으로 전진해야 되는 상황에서는 정지했을 때에는 무조건 적의 사격으로부터 최대한 안전한 지형지물을 이용해야 한다. 적의 직사화기 및 곡사화기의 위협을 회피하기 위해서는 가능한 적의 관측이 어려운 상황을 조성해야 한다. 구덩이, 수목, 바위, 흙무덤 등을 자유자재로 이용하여 은폐 및 엄폐해야 한다.

지형지물을 이용하는 것은 자신의 사격효과를 발휘하면서 적의 사격으로부터 보호받을 수 있어야 한다. 따라서 적에게 자신을 조금이라도 드러내지 않는 것이 제일 좋다. 따라서 몸을 최대한 낮게 자세를 취하는 것이 유리하다. 구덩이가 있으면 안에 들어가서 낮은 자세로 사격 지원을 하고, 수목의 경우에는 가능한 자신의 몸보다 굵은 수목을 활용하되 서서쏴 자세보다 무릎쏴, 엎드려쏴 자세가 좋다.

1) 적에게 관측되지 아니하도록 주변의 지형지물을 이용하여 인원이나 장비, 시설 따위를 숨기는 것으로 군사적으로는 적의 관측으로부터 보호될 수 있는 상태로 자신을 숨기는 것을 의미한다.

2) 어떤 물체가 다른 물체를 덮어 가리는 상태로 군사적으로는 적의 관측과 사격으로부터 보호될 수 있는 상태로 자신을 숨기는 것을 의미한다.

우거진 수풀은 완전히 그 속에 들어가거나 측면을 이용해야 하며, 바위, 흙무덤 등도 위로 머리를 내놓지 말고 엎드려쏴 자세로 지원 사격해야 한다.

〈그림 40〉 지형지물이용 은 · 엄폐[3]

3) 上田 信, *COMBAT BIBLE* (호비스트, 1993), p. 106.

지원사격은 지휘자인 조장, 분대장의 통제하에 위협이 되는 적에 집중하며 자신의 보호를 위해 필요한 경우에는 적 표적에 대해서 전투원의 선택권이 인정된다. 휴대한 탄약의 충분 여부에 따라 또는 표적의 거리 등을 고려하여 단발, 점사, 자동을 선택하되 차후 전투를 위해 불필요하게 탄약을 낭비하지 않아야 한다.

특히 지원사격은 기동조의 기동을 엄호하는 역할이 주 임무이므로 기동조를 위협하는 적 표적을 집중적으로 사격해야 한다. 사격으로 엄호를 하면서 지휘자와 소통을 유지해야 하며 언제든지 사격 지원에서 기동으로 전환할 수 있도록 준비해야 한다.

나. 약진으로 신속한 기동

약진(躍進)은 '도약하다 즉, 튀어 오르다'와 '나아가다 즉, 전진하다'를 결합한 단어로 최대한 적의 사격을 회피하면서 신속하게 전진하는 것이다. 엄호조의 지원사격에 의해 적의 사격이 뜸한 상황을 최대한 활용하여 지휘자가 약진 앞으로라는 명령을 내리면 이를 무릎 쓰고 뛰어 목표 지역으로 이동해야 한다.

약진은 사격 지원하던 엄폐물에서 다음 엄폐물까지 이동하는 것으로 약진하는 동안 몸을 최대한 낮게 유지하고 신속하게 다음 엄폐물을 이용할 수 있도록 한다. 약진하기 전에 고개를 살짝 들어 다음 위치를 확인하고 출발한다. 출발은 소총을 끌어당겨 한 발을 앞으로 내밀어 땅을 박찰 준비를 미리한다. 몸을 일으키면서 손과 발을 동시에 단거리 100m 경주와 같이 박차고 달려 나간다. 시선은 다음 엄폐물 위치를 향하며 전력 질주한다.

다음 엄폐물에 도달하기 2~3보 전에 신속하게 엎드려 엄폐물까지 포복으로 이동하면서 사격자세를 취한다. 만약 약진 중에 적의 사격이 치열하다면 더 가까이 있는 엄폐물을 이용하여 적의 사격으로부터 신속하게 엄폐한다. 만일, 치열한 적의 사격으로 엎드린 지점에 엄폐물이 없으면 즉시 굴러 이동하거나 포복으로 엄폐물이 있는 곳으로 이동해야 한다.

주의할 사항은 다른 전투원의 앞을 가로질러 가서는 안 된다. 이는 다른 전투원의 달리는 길을 막는 것으로 부딪힐 수 있고 적의 표적이 될 수 있다. 이동 전에는 다른 전투원과 소통하여 엄호 사격을 요청해야 한다. 약진 이동의 시간은 적이 사격을 준비할 수 없도록 3~5초 사이에 완료하는 것이 좋다.

〈그림 41〉 약진 출발[4)]

4) 上田 信, *COMBAT BIBLE* (호비스트, 1993), p. 102.

〈그림 42〉 약진 도착[5)]

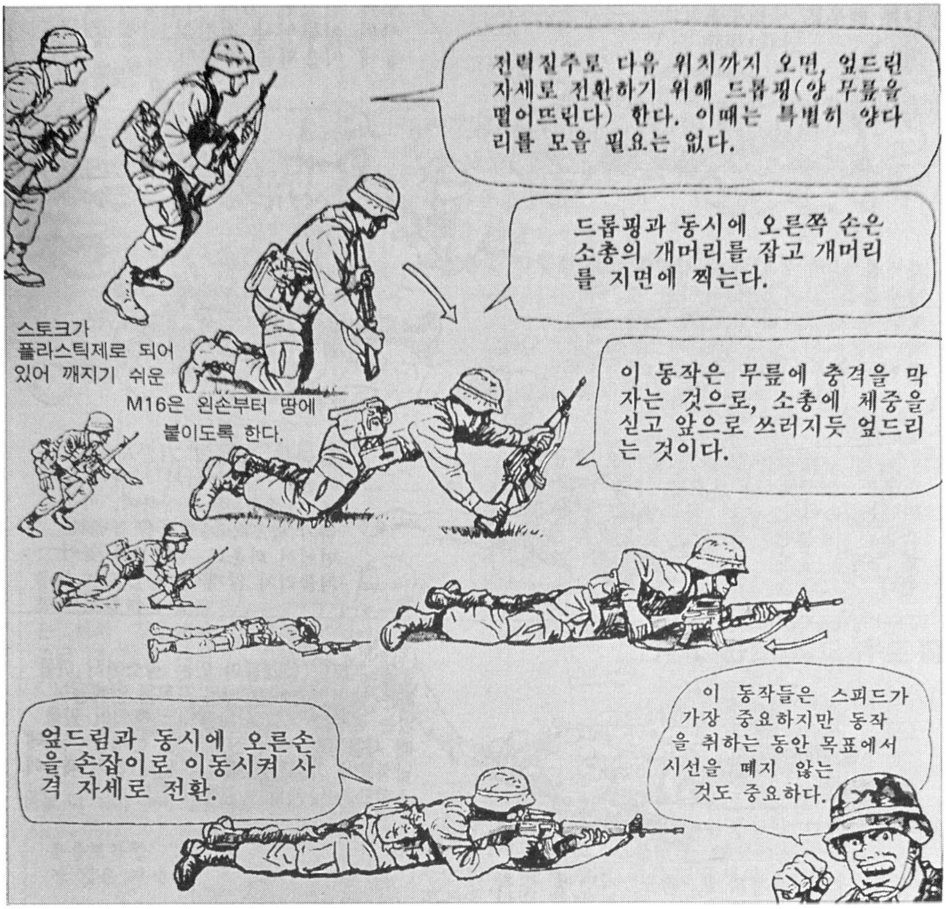

2. 공격간 상황조치 사격

공격은 방어하는 적의 다양하고 강력한 저항을 무력화시키면서 전진해서 목표를 탈취하는 전투행위이기 때문에 여러 가지 상황에 직면하게 된다. 공격개시선에서 적의 곡사화기 위협을 받을 수 있으며, 사격과 기동으로 혹은 은밀하게 전진하는 도중에 적의 매복조에 기습을 당할 수 있다. 또한 적의 방어진지에 가까워질수록 적의 경계병, 적의 참호에서 공격하는 아군을 향한 사격이 더욱 거세지며 목표 직전에는 돌격과 백병전을 해야되는 상황에 직면할 수 있다.

K2 또는 K2C1 소총을 사용하는 전투원들은 상호 소통을 통해 사격과 기동,

5) 上田 信, *COMBAT BIBLE* (호비스트, 1993), p. 103.

엄호와 약진을 거듭해 나가며 자체 화력으로 감당이 되지 않으면 상급 부대 화력을 요청하여 지원받는다. 공격전투사격은 소총뿐만 아니라 다양한 각종 편제화기를 총동원하여 이뤄지는 통합적 활동이다. 공격전투 또는 공격작전은 전술학에서 다루지만 개인화기를 사용하는 전투원을 중심으로 〈표 9〉와 같이 공격간 발생할 수 있는 상황조치 사격을 요약해서 제시한다.

〈표 9〉 공격간 상황조치 사격(예)[6]

전투 진행도	직면 상황	조치 사격
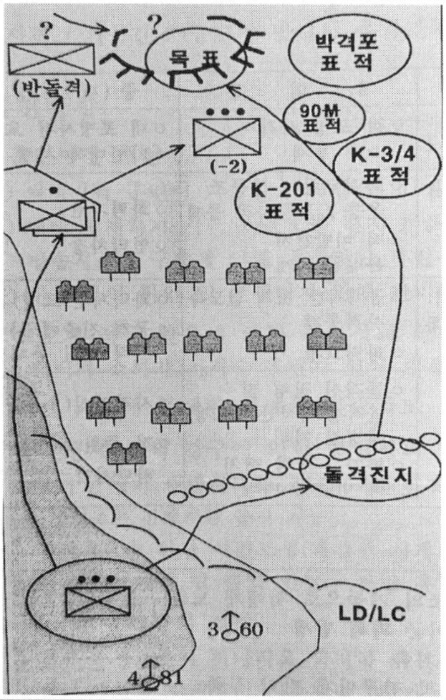	• 적 도주/반돌격	• 도주적 조준사격 • 반돌격 차단사격
	• 돌격선 도달	• 돌격 사격 • 백병전 병행
	• 적 방어진지 근접	• 사격과 기동 • 곡사화력 요청
	• 적 경계병 조우	• 긴급 집중사격 • 가능시 은밀 회피
	• 매복조 접촉	• 저격조 사격 • 특공조 운용
	• 공격개시선 통과 (적 포탄 낙하)	• 신속히 통과 (상급 화력 요청)

3. 최근 공격전투사격 경향

가. 도시지역전투 기동사격

최근 도시지역이 발달하고 전투원 개인의 방탄 방호장비가 발달하면서 점차 공격전투사격에서 사격과 기동을 위주로 하던 기존의 방식에서 벗어나 보다 공세적으로 변화하고 있다. 지근거리에서 조우한 적을 빠르게 제압하고 확실하게 사실하기 위한 대담한 공격전투사격이 중요시되며, 이를 위해 공격전투사격 훈

6) 김정기, 『실전 전투사격술 향상방안』 (육군사관학교 군사학처, 2004), p. 26.

련도 고정사격에서 벗어나 기동하면서 사격하는 것으로 개선되고 있다.

기동사격 훈련을 실제 탄약을 사용해서 할 경우 발생할 수 있는 안전사고를 우려하여 공포탄으로 훈련을 먼저 실시하여 숙달하기도 하며, 전방뿐만 아니라 측방 사격도 가능하도록 훈련체계를 과감하게 변화시키기도 한다. 그러나 이러한 경향은 어디까지나 다양한 전투상황 중의 일부분에 해당되는 것이며, 전투국면에서 어떤 상황이 발생할지 모르기 때문에 가장 기초적인 영점사격, 기지거리사격 및 사격과 기동을 숙달하는 것이 가장 중요하다.

〈영상 16〉 확 바뀐 전투사격 훈련[7]

나. 고난이도 사격[8]

도시지역전투에 대비한 기동사격에 더하여 미군의 경우 아프가니스탄 및 이라크 전쟁 등 다양한 실전 경험을 토대로 고난이도 상황에서 교전시 사격 기술을 교리화하였다. 가시 표적을 중심으로 조준점을 쓰면 표적에 명중을 기대할 수 없는 모든 사격상황에 대비하기 위한 기술이다. 고난이도 상황에서는 다양한 조준점을 적용해서 성공적으로 표적을 제압할 수 있다.

고난이도는 크게 세 가지 조건을 고려한다. 이동하는 적 등의 상황에 따른 ①

7) https://www.youtube.com/watch?v=-yRjwdF8I0c(검색일: 2025.7.17.)
8) 고난이도 사격 내용은 홍희범 역, 『미 육군 소총사격교범』 (호비스트, 2016), pp. 102-118을 참조.

표적의 조건, 바람의 영향과 같은 ②환경적 조건 및 사수가 이동하는 상황이나 소총이 기울어져 있는 상황 등의 ③사수의 조건이 그것이다.

첫째, 수평 또는 수직으로 이동하는 표적의 경우 상황에 맞춰 적절한 조준을 해야 하며 이를 영어식 표현으로는 홀드(Hold)라 한다. 표적이 이동하는 속도를 고려해서 미리 쏘아놓고 기다린다는 의미로 해석된다. 긴급 홀드는 사수가 당시의 상황과 조건에 맞게 적용하는 것이고 정밀 홀드는 표적의 이동과 회피, 속도, 바람, 거리, 경사 등을 종합한 수학적 계산에 따른 수치를 적용하는 것이다. 전투현장에서는 좌측 그림과 같은 형태로 긴급 홀드를 적용할 수밖에 없다.

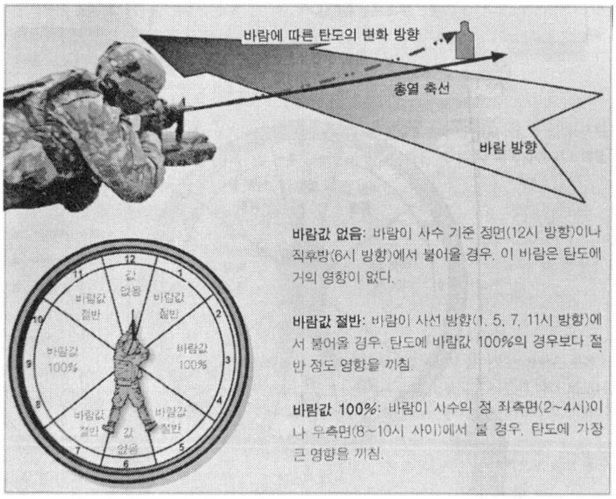

둘째, 환경적 조건으로 사격에 가장 크게 영향을 미치는 것은 바람이다. 격발 후 탄환은 날아가면서 바람에 따라 밀려 조준점을 벗어난 지점에 탄착을 하기 때문에 이를 보정한 사격이 필요한 것이다. 좌측 그림[9]과 같이 탄환이 노출되는 시간, 바람의 방향 및 바람의 속도 등을 종합적으로 고려해서 조준해야 한다. 예를 들어 왼쪽에서 오른쪽으로 바람이 분다면 원래 조준점보다 더 왼쪽을 조준하는 홀드를 판단한다.

셋째, 사수의 조건으로 사수가 이동중이거나 도시지역전투와 같이 바닥에 완전히 엎드리거나 누워 소총도 뉘인 상태에서 사격하는 등의 상황이 발생할 수 있다. 표적은 고정되어 있거나 사수가 이동하는 같은 방향으로 표적이 이동할 경우 사수가 이동하면서 사격한다면 이동 방향을 상쇄할 수 있는 역방향 리드를 적용해야 한다. 표적과 사수가 서로 다른 방향으로 이동할 경우에는 리드값을 두배로 적용해야 한다.

9) 홍희범 역, 『미 육군 소총사격교범』(호비스트, 2016), p. 114.

제2절 방어전투사격

방어는 공격하는 적을 조기에 탐지하여 가장 효율적으로 제압할 수 있는 시간과 장소에서 공격하는 적을 격멸하고 아군이 필요한 방어지역을 지켜내는 것이다. 방어전투사격은 그러한 방어의 목적을 달성하기 위해 방어전투가 이뤄지는 동안 개인과 부대 차원에서 실시하는 다양한 무기들을 사격하는 것을 의미한다. 공격과 마찬가지로 제병협동사격으로 곡사화기와 직사화기를 통합한 사격이 요망되나 여기에서는 K2와 K2C1 소총을 사용하는 전투원들의 사격 행위를 중심으로 거점방어사격, 매복전투사격, 대공화망사격 순으로 살펴본다.

1. 거점방어사격

방어는 일정한 지역 즉, 아군이 차지하고 있어야 할 장소를 막아서 지키는 것을 의미한다. 그 장소는 시설도 해당되나 특정 시설을 지킬 경우에는 방호라고 한다. 시설을 온전히 적으로부터 지키기 위해서는 주변 지역을 통제해야 함으로 결국 방호는 방어에 포함된다. 차지하고 점거해야 하는 장소를 거점이라고 하며, 거점은 일반적으로 중요지형지물이고 중요지형지물은 상대적으로 높은 곳을 의미했다. 그러나 근래 첨단 관측장비의 발달, 급속한 도시화 등으로 인해 거점의 의미를 높은 고지로만 한정해서는 곤란하다.

결국 꼭 지켜서 아군이 계속 확보하고 있어야 되는 지역을 거점으로 지정하고 방어하게 되며, 거점방어사격은 체계적으로 그 지역을 방어하기 위해 공격하는 적에게 가하는 사격이다.

〈표 10〉 방어전투사격(예)[10]

전투 진행도	직면 상황	조치 사격
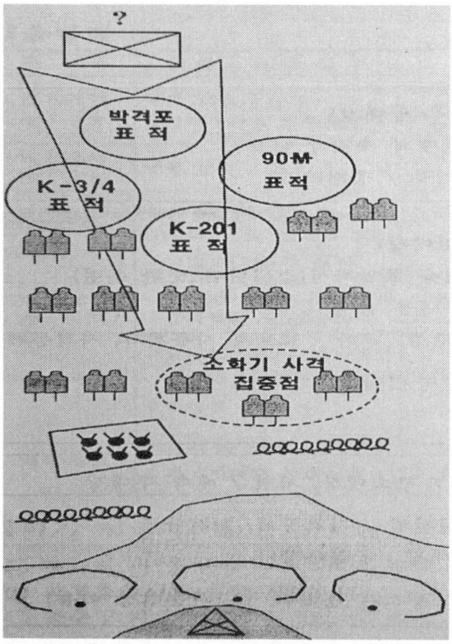	• 경계지역 전투	• 매복전투사격 • 상급화력 요청
	• 지원화력 요청	• 표적/지형 특성에 따른 화력요청
	• 최후방어사격	• 우회 공격하는 적 집중사격
	• 근접전투	• 돌격하는 적 조준 /지향사격
	• 진내사격	• 대피 및 백병전
	• 역습	• 역습 사격 또는 역습 지원사격

방어전투 전개를 방어전투사격을 기준으로 나누면 경계지역사격, 주방어지역의 근접지역사격 최후방어시격, 진내사격으로 구분할 수 있다. 경계지역에서는 주로 경계부대에 의해 매복전투 형태로 방어가 이뤄진다. 매복전투사격은 따로 2항에서 다룬다.

최후방어사격은 적의 돌격을 저지하고 격멸하는 사격을 하며, 진지전방으로 선형표적을 선정해서 상급부대 화력을 요청하여 통합한다. 소총은 식별된 적에 대한 조준사격 및 최후방어사격 표적 지역을 우회하는 적을 사격한다. 근접전투사격은 적 주력의 격멸에 주안을 두고 방어진지 돌파를 저지하기 위한 지속적인 사격 활동이 이뤄져야 한다. 장애물과 통합한 사격, 우회하는 적에 대한 봉쇄사격 등이 병행된다.

진내사격은 아군진지에 진입한 노출된 적에 대해 격멸 사격을 한다. 만약 진내사격으로도 적의 공격을 막아내지 못했다면 후퇴했다가 다시 역습 또는 역습 지원사격을 통해 방어거점을 회복해야 한다.

10) 김정기, 『실전 전투사격술 향상방안』 (육군사관학교 군사학처, 2004), p. 20.

거점방어사격의 핵심은 거점이라는 사전에 구축된 방어진지에서 사격을 통해 적의 공격을 막아내는 것이므로 입사호에서 정확하게 적을 제압할 수 있는 사격 능력이 가장 중요하다. 이는 평소 영점사격과 기지거리사격의 입사호 사격에서 그 기초가 숙달된다고 하겠다. 그리고 부대별로 여건은 다르지만 거점방어사격 훈련장이 있다면 이를 최대한 활용하여 제대별 지휘자, 지휘관의 통제 하에 방어 전투 상황을 단계별로 상정하여 실전적으로 훈련해야 한다.

〈영상 17〉 거점방어전투사격 훈련[11)]

2. 매복전투사격

매복전투는 은밀하게 적의 예상되는 이동로를 차단하는 길목에 급조 진지를 구축하여 접근하는 적을 최대한 가까이 유인하여 격멸하는 전투로서 크게 보면 방어전투에 포함된다. 그러나 매복은 방어전투와는 별개로 소부대에 의한 독립된 매복전투를 실시할 수 있으며 특히 적진 깊숙이 침투하여 활동하는 특수작전부대나 아군 깊숙이 침투하여 활동하는 적 특수작전부대를 격멸하는 후방지역 대침투작전부대는 매복이 가장 중요한 전투 수단이다.

11) https://www.youtube.com/watch?v=o6kXqEwPRIc(검색일: 2025.7.17.)

〈그림 43〉 매복전투사격의 핵심[12)]

매복전투사격의 핵심은 최대한 기도비닉을 유지하여 지근거리로 유인하여 미리 설정하여 공유된 살상지대에서 적을 최대한 일거에 격멸하는 것이 중요하다. 과거 베트남전의 카숀계곡 전투[13)]나 1996년 강릉지역 대침투작전 당시 사례[14)]를 보면 많은 매복전투의 성패는 졸지 않고 인내심을 가지고 기도비닉을 유지하여 적을 살상지대 내로 유인하는 데에 있었다.

매복전투사격은 살상지대로 적이 진입하면 우선 미리 설치한 크레모아를 격발하고, 수류탄을 투척한 후 소총사격을 실시하여야 한다. 매복전투에서 인내심을 가지고 지근거리로 적을 유인해야 하나 살상지대 도달 전 두려움에 의해 소총을 먼저 사격하게 되면 아군의 위치가 노출되어 적은 도주하기 십상이다. 또한 제일 앞서 길을 개척하는 소수의 척후조를 본대로 오인하거나 살상지대를 이미 적이 벗어났는데도 모든 크레모아, 수류탄을 사용하는 과오를 범해서는 안된다.

---

12) 上田 信, *COMBAT BIBLE*(호비스트, 1993), p. 116.

13) 1969년 11월에 베트남 카숀계곡에서 국군 맹호부대 1개 소대가 월맹군을 상대로 매복전투를 실시하여 살상지대로 유인한 후 크레모아, 수류탄 투척 후 조명탄과 동시에 개인화기 사격으로 성공한 사례임.

14) 1996년 9월 21일 칠성산 매복전투 사례에서는 매복 부대가 졸다가 너무 가까이 적이 다가온 상태에서 상호 교전으로 아군도 피해를 입은 사례임.

〈표 11〉 매복대형별 사격지향 방향[15)]

<table>
<tr><th colspan="2">매복 대형</th><th>적용 상황</th></tr>
<tr><td>선형</td><td>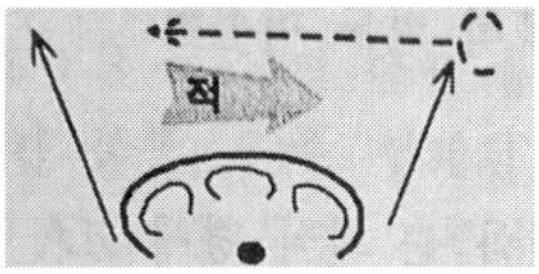
</td><td>• 적 이동통로 1개소로 제한
• 매복 병력 제한</td></tr>
<tr><td>L형</td><td>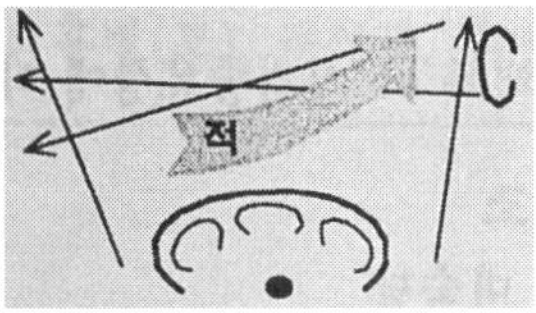
</td><td>• 소로나 하천의 굽어진 곳</td></tr>
<tr><td>T형</td><td>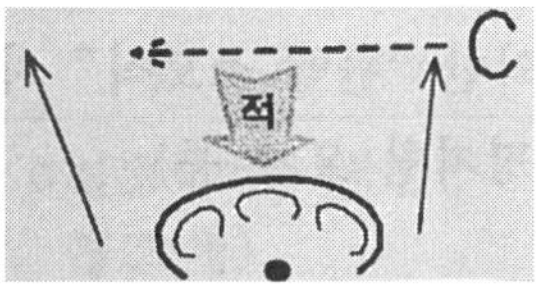
</td><td>• 야간 매복
• 적의 이동을 반드시 저지 필요시</td></tr>
<tr><td>양면형</td><td>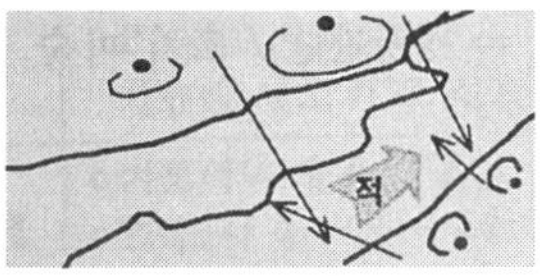
</td><td>• 험준한 계곡이나 협로 통과시</td></tr>
<tr><td>V형</td><td>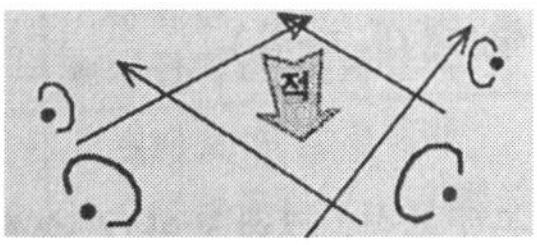
</td><td>• 양쪽에 능선, 고지가 있는 통로
• 시계가 불량한 삼림지역</td></tr>
</table>

또한 소총 사격은 적의 진행과 도주 방향을 고려하여 미리 선정된 살상지대에 집중되도록 해야 하며, 아군끼리 피해가 발생하지 않도록 유의해야 한다. 따라서 〈표 11〉과 같이 매복대형에 따른 전투진지를 고려해서 사격지향 방향을 사전에 협조해야 한다.

15) 김정기, 『실전 전투사격술 향상방안』 (육군사관학교 군사학처, 2004), p. 29.

최근 러시아와 우크라이나 전쟁에서도 매복전투는 여전히 위력을 발휘하고 있다. 제병협동 및 육해공군이 합동으로 싸우는 현재전쟁에서도 매복은 소수의 병력으로 공격하는 적의 방심을 노려 기습적으로 집중적인 사격을 가함으로써 효과적으로 적을 제압하는 효과를 가져온다.

2023년 7월 중순 우크라이나군이 바흐무트 남쪽의 클리시치우카(Krasichiuka)라는 작은 마을 근처에서 러시아의 근위여단의 보전협동 공격을 매복전투를 통해 효과적으로 격멸한 것은 잘 알려진 매복전투이다.[16] 그 외에도 좌측 영상[17]과 같은 다수의 매복전투 영상이 회자되고 있다. 영상에서 보듯이 지근거리까지 유인하여 살상지대에 도달한 적에 대한 집중적인 소총사격이 결정적 승리로 연결되었다.

3. 대공화망사격

소총을 이용한 대공사격은 항공기의 종류에 따라 소총의 사거리 내로 비행하여 아군을 위협하는 경우에 격추하기 위해서 실시한다. 항공기는 매우 빠르게 비행하기 때문에 이를 격추하기 위해서는 다수의 사수 함께 화망을 구성해서 한 표적을 집중할 때 가능성이 높아진다.[18] 따라서 소총에 의한 대공사격을 이 책에

16) https://www.fmkorea.com/6051088738(검색일: 2025.7.22.)
17) https://www.youtube.com/shorts/2w4ztYo5XcA(검색일: 2025.7.22.)

서는 대공화망사격으로 기술한다.

하늘에 날아가는 비행기가 모두 적 항공기는 아니므로 좌측 사진(북한 미그21 전투기)의 빨간색 원안의 그림과 같은 국적 표시를 통해 피아식별을 할 수 있도록 사전에 기체(동체, 날개, 꼬리 등)에 표시된 마크를 통해 확인해야 한다. 항공기 형태를 보고 피아식별을 할 수 있는 능력을 갖추는 것도 중요하다. 소총의 유효사거리를 고려하여 300m 이내 표적에 대해 사격하는 것이 적절하다.

대공화망사격은 비행물체와 탄두의 비행속도, 표적과의 사거리 등을 고려하면 비행물체의 비행로 상의 앞쪽에 화력을 집중하여 그물망처럼 탄막을 형성해야 한다. 화망구성 단위는 소대가 가장 적절한 것으로 알려져 있으며 중대는 통제하기 어렵고 분대는 화력에 열세하다. 그러나 다수의 적기가 출현했다면 중대가 적절하고 분대가 직접 적기로부터 공격을 받고 있다면 분대가 화망을 구성해서 대응 사격해야 한다.

대공사격자세는 기본적으로 누워쏴, 앉아쏴, 무릎쏴, 서서쏴가 있으나 최근에는 각종 지형지물을 이용하여 다양한 사격자세를 취하도록 훈련하고 있다.

18) 특히 6·25전쟁과 베트남전에서 소화기에 의한 항공기 및 헬기의 격추율이 높았다. 한국전에서는 약 90%가 대공화망사격에 의해 격추되었으며, 베트남전에서는 83.3%가 대공화망사격으로 격추되었다. 김정기, 『실전 전투사격술 향상방안』(육군사관학교 군사학처, 2004), p. 35.

〈표 12〉 다양한 대공사격 자세[19]

누워쏴	앉아쏴	무릎쏴	서서쏴

반누워쏴	경사지 앉아쏴	차량이용 무릎쏴	담 뒤에서 서서쏴

적기에 의해 아군의 활동이 관측당하면 공격받기 쉬우므로 신속하게 가능한 지형지물을 이용하여 은폐, 엄폐해서 대공화망사격을 해야 한다. 목표로 하는 적기의 취약부위는 항공기의 경우 조종석, 헬기의 경우 날개 중앙 부분이다.

정면에서 바로 하강해서 다가오는 직강하 항공기에 대해서는 항공기의 조종석과 헬기의 앞날개 중앙을 조준하면 된다. 사선 또는 횡으로 이동하는 표적에 대해서는 비행체의 속도에 따라 적정한 리드(예측 선도 거리)를 적용하되 고속항공기는 동체길이의 26배, 저속항공기는 동체길이의 6배를 적용한다.

낙하산을 타고 하강하는 표적은 사거리에 따라 달리 리드를 적용하며, 50m 사거리는 무릎을 조준하고, 100m 사거리의 표적은 발을 조준한다. 그리고 200m 사거리의 표적은 낙하하는 사람의 신장만큼 리드를 적용하며, 300m 사거리의 표적은 사람 신장의 1.5배를 리드로 적용한다.

대공화망사격은 최근 러시아와 우크라이나 전쟁에서 드론에 의한 쌍방간의 공격이 치열하게 전개되면서 전투병의 피해도 속출하면서 그 중요성이 더욱 강조되고 있다. 소형 드론이 전장에서 충분히 활용될 수 있다는 점이 증명되었으며

19) 김정기, 『실전 전투사격술 향상방안』(육군사관학교 군사학처, 2004), p. 36; 대한민국 육군, 『K1 · K2 · K2C1』(2022), pp. 부-5-5 ~ 부-5-7.

지상 전투원들은 크기가 작고 소리도 작은 드론을 발견하기 쉽지 않고 명중시키기도 어려운 것이 현실이다. 광학조준기를 달고 있는 소총이라 하더라도 빠르게 이동하는 소형 드론을 명중시키기는 힘든 것이 사실이다.

최근 이스라엘의 스마트슈터사가 우측 사진[20]에서 보듯이 소총에 장착하는 특수 사격통제장비를 개발하면서 광학조준경과 사격통제시스템을 결합시켜 날아오는 드론을 제대로 조준만 하고 있으면 격발 타이밍을 포착하여 자동으로 알아서 발사되는 체계를 적용하였다. 200m 떨어진 드론까지 대응할 수 있으며 열상 카메라도 장착되어 야간에도 사용이 가능하다. 이를 사용하면 초탄 명중률이 약 80%까지 향상되는 것으로 보도되었다.

미 육군은 〈영상 17〉에서 보듯이 이 체계를 2025년 본격적으로 도입하기로 하였다. 미 육군은 2025년 5월에 지난달 스마트슈터사와 1,300만 달러(약 178억원) 규모의 공급 계약을 맺었다. 이는 전투에 유용한 신기술을 군에 신속하게 보급하는 데 중점을 둔 전략 프로그램인 '트랜스포메이션 인 콘택트(TIC: Transformation In Contact) 2.0' 사업의 하나이다. 지난 2025년 6월 6~7일에는 독일 호엔펠스에서 진행한 실사격 훈련에서 미 육군 병사들이 M4A1 소총에 이 조준경을 장착하고 하늘에 있는 드론을 명중시키는 시연을 선보이기도 했다.

이 장비는 카메라와 센서, 인공지능(AI) 기술을 사용해 표적을 추적하고 최적의 발사 순간을 결정하여 쿼드콥터나 고정익 드론 등 소형 공중 표적을 향해 총구를 가리키고 방아쇠를 당기면 명중할 때까지 시스템이 스스로 제어한다. 러시아-우크라이나 전쟁에서는 저렴하지만 비교적 빠르고 조용한 소형 1인칭 시점(FPV: First Person View) 드론이 널리 쓰이고 있다. 양쪽 모두 이런 드론을 사용해 폭탄을 투하하거나 정찰을 수행하는 데 지금까지 이런 드론을 막는 데는 크고 복잡한 무기를 사용해야 했다. 그러나 이 장비는 개인화기에 부착한 사격시스템만으로도 개별 전투원이 후방 지원 없이 드론을 격추할 수 있는 것이다.

20) https://blog.naver.com/mc341/223157646854(검색일: 2025.7.17.)

〈영상 18〉 미 육군 드론 잡는 소총 전력화[21]

여기에 더해 〈사진 11〉에서 보는 것과 같이 미 육군은 소총에 드론 방어용 디펜더를 부착하여 사격하는 대드론방호체계 장비들도 전력화하여 사용하고 있다. 드론 및 유무인복합체계를 국방혁신4.0의 주요 과제로 추진하는 한국군도 머지않아 이런 무기체계들이 전력화될 것이라 확신한다.

〈사진 11〉 2023년 2월 훈련에서 드론 디펜더를 사용하는 미군[22]

21) https://www.youtube.com/watch?v=Yi7S6OPZ0Tw(검색일: 2025.7.22.)
22) https://blog.naver.com/mc341/223157646854(검색일: 2025.7.17.)

제6장 K5 권총 사격

제1절 K5 권총 제원 및 특성
제2절 K5 권총의 조작과 관리
제3절 K5 권총 사격술

제6장

K5 권총 사격

제1절 K5 권총 제원 및 특성

1. 소개

우리나라 군수업체 SNT모티브의 전신인 대우정밀공업이 1980년대에 개발한 9mm구경의 자동권총이다. 우리 군의 제식화기[1] 중 하나로 영관급 이상 장교와 주임원사, 그리고 군사경찰 및 특수임무대, 육군항공 헬기조종사, 전차 승무원, 자주포 조종수 등 수행임무의 특성상 권총이 필요한 인원에게 지급하여 사용하도록 하고 있다.

과거 우리 군의 제식권총은 6.25전쟁 이후 미군으로부터 공여받은 '45구경'이라고 불렸던 콜트社의 M1911을 사용하였으나 45구경[2] 탄환의 강력한 반동은 한국인의 체형에 다소 부담스러웠고, 오랜 사용으로 인한 노후화와 부품 수급의 어려움으로 인해 새로운 국산 권총 개발이 절실하였다. 이에 우리 군은 군 장비 현대화 계획에 따라 한국인 체형에 적합하고 탄약 공급을 원활하게 할 수 있는 신형 권총의 개발을 추진하였다. 1980년대 초반부터 대우정밀공업 주도로 개발에 착수하여 1988년에 개발을 완성하였고, 1989년에 우리 군의 제식권총으로

1) 군대에서 표준으로 사용하는 화기를 의미하며, 우리 군의 경우 대표적으로 K2 소총과 K5 권총이 이에 해당한다.

2) 구경의 단위는 밀리미터(mm)로 표시하지만, 미국을 비롯한 일부 국가에서는 인치(inch)를 사용하기도 한다. 45구경은 100분의 45인치를 의미하며 11.43mm이다.

채택되었다.

K5 권총은 우리나라가 독자 개발한 총기라는 점에서 큰 의미가 있다. K2 소총과 마찬가지로 K5 권총 역시 개발과정에서 당대 세계 유수의 권총들이 가진 장점을 집대성하겠다는 의지가 담겨 있다. 그 결과 '속사(Fast Action)'라는 세계 유일의 기술을 탑재한 권총이 탄생하였고, 해외 민수시장에도 3만 5000정 가량이 수출[3]되어 '흥미로운 기능이 있는 가성비 높은 권총'이라는 평가를 받기도 하였다.[4]

〈표 13〉 K5 권총의 제원[5]

구 분	제 원	구 분	제 원
구경	9mm	중량	800g
길이	190mm	사격속도	분당 40발
유효사거리	약 50m	장탄 수	12+1발(약실)

〈사진 12〉 45구경 권총(M1911) 및 K5 권총[6]

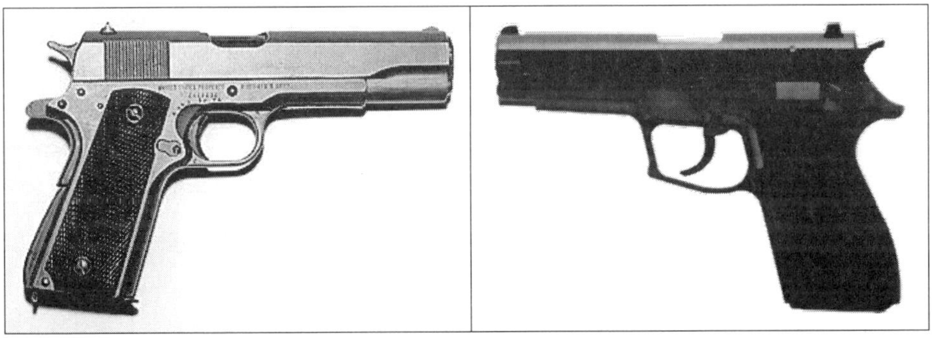

2. 구조

K5 권총은 내·외부 구조상 크게 가스활대, 총열, 총몸뭉치의 세 부분으로 구

3) K5 권총의 1990년대 최초 해외수출 모델명은 'DP51'이며, 이후 여러 가지 파생형이 존재한다.

4) 김철환, '국군무기도감', 국방일보, 2018.3.2.

5) 필자 정리(2025.7.24.)

6) https://ko.wikipedia.org/wiki/K5_권총, 콜트_M1911(검색일: 2025.7.24.)

분할 수 있다. 가스활대는 총열 위를 덮는 덮개형 구조로서 총기 발사 시 후퇴하여 탄피를 배출하고, 다시 전진하면서 다음 탄을 장전한다. 가스활대의 내부에는 복좌용수철이 장착되어 있어 가스활대 후퇴 시 압축하였다가 다시 전진할 수 있는 힘을 제공한다. 가스활대의 상단에는 표적을 조준하기 위한 조준장치가 부착되어 있는데 앞단에 가늠쇠, 후단에 가늠자가 위치해 있다.

〈그림 44〉 K5 권총의 주요 부분 명칭[7)]

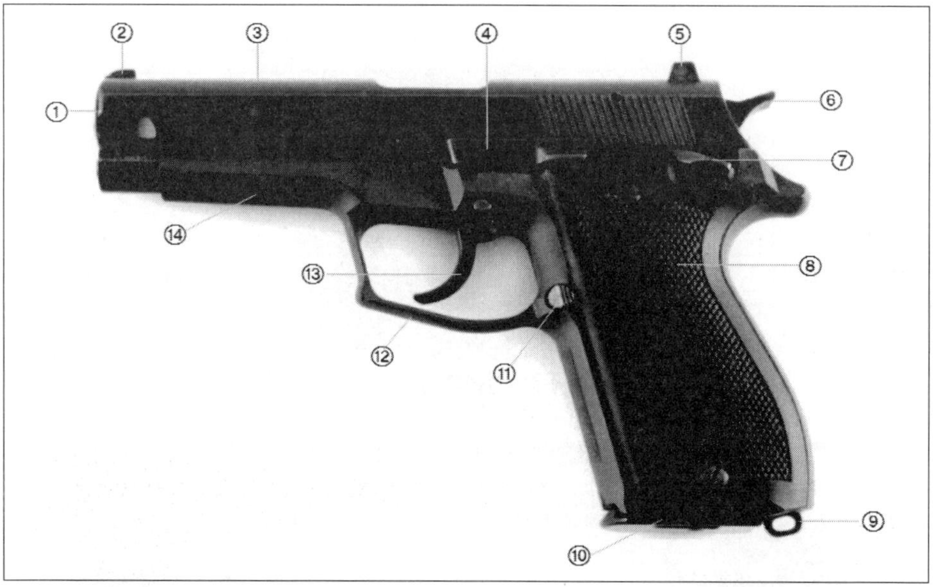

① 총구 ② 가늠쇠 ③ 가스활대 ④ 가스활대 멈치 ⑤ 가늠자 ⑥ 공이치기
⑦ 안전장치 ⑧ 손잡이 덮개 ⑨ 안전끈 고리 ⑩ 탄알집꽂이 ⑪ 탄알집멈치
⑫ 방아쇠울 ⑬ 방아쇠 ⑭ 총몸뭉치

7) 김황호 · 손상철, 『경호사격론』 (진영사, 2009), p.81과 p.91의 내용을 재구성

⑮ 복좌용수철
⑯ 밀대
⑰ 총열
⑱ 약실

총열은 탄환이 발사되는 통로이다. 총열 후미 약실에 탄환이 장전된 상태에서 방아쇠를 당기면 공이치기가 가스활대 후방 내부에 있는 공이를 전진시키고, 공이가 전진하면서 탄환의 뇌관을 타격하여 화약의 점화 및 연소를 유도한다. 짧은 시간 안에 고온의 연소가스가 발생하면서 탄환 내부의 압력이 급상승하게 되고, 이 압력에 의해 탄피에서 분리된 탄두가 총강을 따라 전방으로 밀려나면서 총구를 벗어나게 된다. 이때 탄두는 총강 내에 패여 있는 나선형의 홈(강선)을 따라 빠르게 회전운동을 하면서 비행의 안정성을 확보한다.

총몸뭉치는 K5 권총의 기본 골격(frame)으로서 사수가 총기를 잡을 수 있는 손잡이와 격발장치인 방아쇠 및 공이치기, 탄알집을 결합할 수 있는 탄알집꽂이, 탄이 장전된 상태에서 오발을 방지하기 위한 안전장치, 그리고 가스활대의 후퇴와 전진을 안내하는 가이드레일 등이 결합되어 있다.

3. 특성

가. 쇼트 리코일(short recoil) 방식의 반자동식 자동권총

K5 권총은 격발 시 가스활대가 후퇴하면서 탄피를 배출하고 새로운 탄을 장전하여 다시 격발 준비상태로 되돌리는 일련의 재장전 과정을 사수의 힘이 아닌 총기 내부 에너지로 자동 수행하는 자동권총이다. 탄이 발사되는 과정에서 화약의

점화 및 연소로 인해 총열 내에서는 높은 압력이 발생하게 되는데, 이 압력이 탄두를 총구 밖으로 밀어내는 동시에 가스활대를 후퇴시켜 탄피를 배출하게 하는 것이다. 이때 총열 내 높은 압력으로부터 총기 자체의 안전과 사수의 안전을 보장하기 위해서는 탄이 총구를 벗어나면서 총열 내의 압력이 낮아진 상태에서 적절한 타이밍에 가스활대가 열리고 탄피를 배출하도록 설계되어야 한다.

대부분의 자동권총의 재장전 방식은 크게 블로우백(blowback)과 쇼트 리코일 방식으로 구분할 수 있다. 두 가지 방식을 구분하는 것은 격발 후 가스활대가 후퇴할 때 총열의 움직임이다. 먼저 블로우백 방식은 총열은 고정된 상태에서 가스활대만 후퇴하여 탄피를 배출한다. 그러나 블로우백 방식은 구경 9mm이상의 고위력 탄약을 사용할 경우 높은 압력 때문에 가스활대가 너무 빨리 후퇴하면서 총기 내부에 손상이 발생하거나, 탄피가 찢어진 상태로 강하게 배출되어 사수의 안전을 위협할 수 있다는 단점을 가지고 있다.

〈그림 45〉 블로우백과 쇼트 리코일 방식[8)]

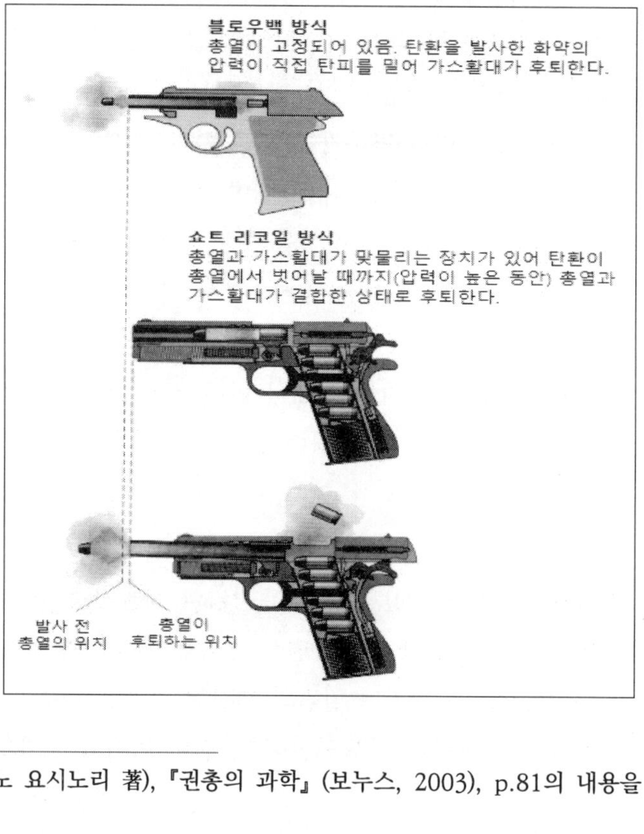

8) 신찬 譯(가노 요시노리 著), 『권총의 과학』 (보누스, 2003), p.81의 내용을 재구성.

쇼트 리코일 방식은 블로우백 방식의 위와 같은 단점을 보완하기 위해 가스활대가 후퇴할 때 총열 또한 짧은 거리를 함께 후퇴하도록 설계되어 있다. 격발 시 탄환이 발사되고 반동력이 발생하면 가스활대와 총열이 함께 잠긴 상태로 짧은 거리를 후퇴하다가 일정 지점에서 총열은 멈추고 가스활대만 계속 후퇴한다. 가스활대가 탄피를 배출하고 공이치기를 젖힌 후에 복좌용수철의 힘으로 다시 전진하면서 새로운 탄환을 장전하고, 총열과 다시 결합되어 초기 상태로 복귀한다. 총열이 가스활대와 함께 후퇴하도록 함으로써 탄환이 총구를 벗어나는 시간을 단축하는 한편 가스활대가 너무 빨리 움직이지 않도록 억제하는 것이다.

〈표 14〉 자동권총의 재장전방식 비교[9]

구 분	블로우백(blowback)	쇼트 리코일(short recoil)
총열 움직임	고 정	가스활대와 함께 일정부분 후퇴
총기의 구조	단 순	복잡(잠금장치 포함)
제작 비용	저 렴	고 가
사용 탄약	저압탄약(9mm미만)	고압탄약(9mm이상)

한편, K5 권총은 앞서 기술한 바와 같이 재장전 과정이 자동으로 수행되는 자동권총이기는 하나, 방아쇠를 한 번 당길 때마다 한 발씩 발사되는 반자동식 자동권총으로 분류된다. K2 소총과 같이 선택에 따라 한 번의 격발로 연발사격이 가능한 기관권총도 있기는 하나 대부분의 권총은 K5와 같이 격발은 수동으로 이루어지는 형태이다. 엄밀히 말하자면 '반자동격발식 자동재장전권총'이라고 할 수 있다.

9) 필자 정리(2025.7.24.)

〈표 15〉 자동권총의 격발방식 비교[10)]

구 분	반자동식	자동식(기관권총)
격 발	1회 당김 = 1발 발사	1회 당김 = 연속 발사
통제성	높음(정밀사격 가능)	낮음(반동 큼, 속사 위주)
전술적 사용	대부분의 권총	특수부대 일부 운용
예	K5, Glock17, M9	Glock18, M93R

나. 싱글액션(Single Action)과 더블액션(Double Action) 겸용

싱글액션과 더블액션은 ‘권총의 방아쇠가 한 번에 몇 가지 일을 하느냐’에 따른 구분이라고 할 수 있다. 권총의 ‘격발’은 사수가 방아쇠를 당겨 공이치기가 공이를 타격하고, 공이가 앞으로 밀리면서 장전된 탄환의 탄저부를 충격하여 화약의 점화 및 연소를 이끌어 내는 일련의 과정이다. 이때 공이치기는 뒤로 젖혀졌다가(코킹상태) 앞으로 떨어지면서 공이를 타격하게 되는데, 공이치기가 이미 코킹된 상태에서 방아쇠를 당겨 공이치기를 떨어뜨리기만 하면 싱글액션이다. 반면 방아쇠가 공이치기를 코킹했다가 앞으로 떨어뜨리는 두 가지 일을 수행하면 더블액션으로 구분한다.

〈그림 46〉 싱글액션과 더블액션[11)]

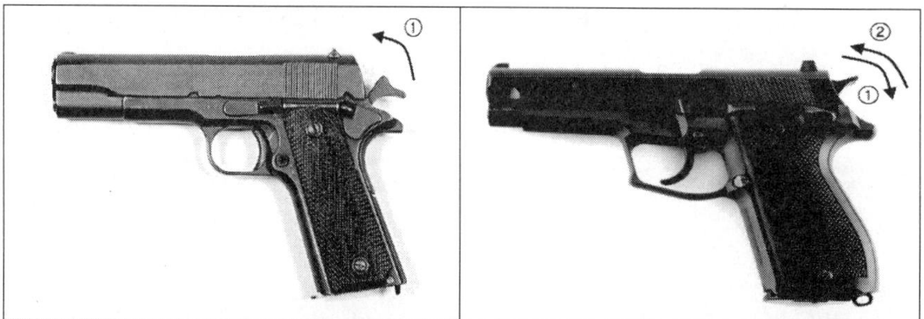

싱글액션	더블액션

싱글액션의 경우 적과 조우한 긴급한 상황에서 사격을 하기 위해서는 총을 꺼

10) 필자 정리(2025.7.24.)
11) 필자 정리(2025.7.24.)

내 사수가 공이치기를 코킹한 후 방아쇠를 당겨야 한다. 과거 미국의 서부영화에서 카우보이가 결투를 할 때 허리에서 재빨리 권총을 꺼내 한 손으로 공이치기를 뒤로 젖힘과 동시에 방아쇠를 당겨 사격을 하는 모습을 연상하면 된다. 총을 꺼내 방아쇠만 바로 당겨서 사격하는 것보다는 어쨌거나 시간이 조금이라도 더 소요될 수밖에 없다. 물론 공이치기를 코킹한 상태로 총을 휴대하다가 방아쇠만 당겨도 되기는 하겠지만 자칫 오발사고로 이어질 수 있어 위험이 크다. 이러한 단점을 보완할 수 있는 것이 더블액션이다.

더블액션은 사수가 공이치기를 수동으로 작동하지 않더라도 방아쇠만 당기면 공이치기가 코킹되었다가 앞으로 떨어지는 동작이 연속으로 이루어진다. 싱글액션보다 안전성과 신속한 발사 측면에서 유리하다. 다만 싱글액션에 비해 단점은 방아쇠를 당길 때 좀 더 길고 무겁게 당겨야 한다는 것이다. K5 권총은 첫 발은 더블액션, 이후부터는 가스활대가 공이치기를 자동으로 코킹하기 때문에 싱글액션으로 작동하는 구조이다.

〈표 16〉 싱글액션과 더블액션의 비교[12)]

구 분	싱글액션(SA)	더블액션(DA)
공이치기 조작	필요(수동)	불필요(자동)
방아쇠 압력	짧고 가벼움	길고 무거움
첫 발 사격속도 (상대적 비교)	ㄴ 림	빠 름
첫 발 정확도 (상대적 비교)	높 음	낮 음
K5 권총	후속 발사에 적용	최초 발사에 적용

다. 패스트 액션(Fast Action) 방식의 적용

타 권총과 비교되는 K5 권총의 고유한 특성은 패스트 액션 방식을 적용했다는 것이다. 패스트 액션은 싱글액션과 더블액션의 장점을 결합한 방식이다. 앞서 싱글액션 방식의 권총을 빠르게 사격하려면 공이치기를 코킹한 상태로 휴대하다가 필요시 방아쇠를 당기면 되지만 오발의 위험성이 상존한다고 설명하였다. 그러

12) 필자 정리(2025.7.25.)

나 위와 같은 상태에서 공이치기를 앞으로 밀어 원래의 위치로 되돌려 놓을 수 있다면 오발의 위험성은 확연하게 감소한다. 이것이 바로 패스트 액션 방식이다. 겉으로 보기에는 공이치기가 코킹되어 있지 않은 더블액션처럼 보이지만 실질적으로는 싱글액션처럼 코킹되어 있는 상태이고, 따라서 격발 시에는 싱글액션처럼 가볍게 방아쇠를 당길 수 있다. 결론적으로 패스트 액션은 권총이 장전된 상태로 안전하게 휴대하다가 필요시 신속하고 정밀하게 첫 발을 사격할 수 있는 기능이다.

패스트 액션은 더블액션처럼 총기를 비교적 안전하게 휴대할 수 있지만, 싱글액션처럼 가벼운 압력만으로 방아쇠를 당길 수 있기 때문에 오발의 위험성이 완전히 배제되었다고 할 수는 없다. 따라서 총기를 다루는데 숙련된 사수이거나 작전 중일 때는 패스트 액션을, 초급자나 평시 훈련목적으로 휴대 시에는 더블액션을 선택하는 등 상황에 맞게 운용이 가능하다.

〈그림 47〉 패스트 액션13)

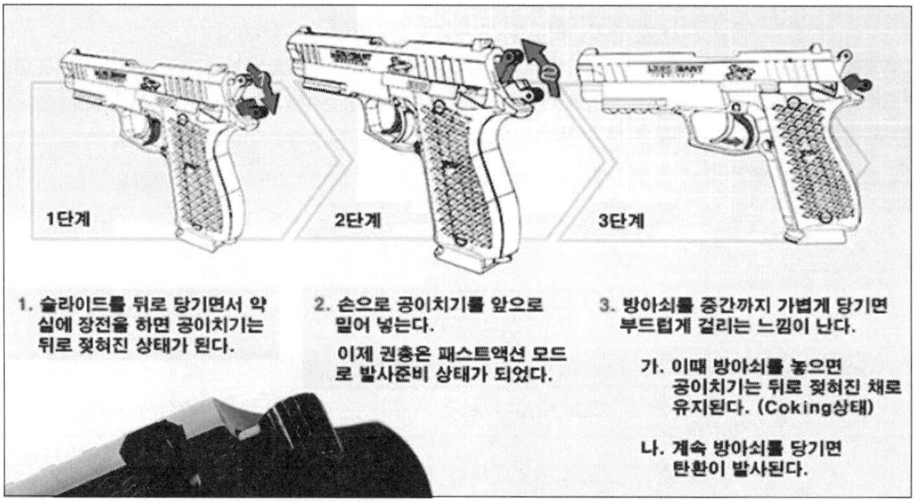

13) https://blog.naver.com/seobee1204/220730024392(검색일: 2025.7.25.)

〈영상 19〉 K5 권총 소개[14]

제2절 K5 권총의 조작과 관리

1. 안전검사 및 분해결합

가. 안전검사

총기는 조작 및 분해하기 전에 안전검사를 필히 실시해야 하며, 그 방법은 다음과 같다.

① 안전장치를 '안전' 위치에 놓는다. 만약 안전장치가 격발위치에 있으면 '안전'이라는 글씨가 보이도록 하면 된다. K5 권총은 격발 준비상태가 아니라도 안전장치를 '안전' 위치에 둘 수 있다.

14) https://youtu.be/2q6C_-T64fw(검색일: 2025.7.25.)

〈사진 13〉 K5 권총 안전장치[15)]

② 오른손 엄지로 탄알집멈치를 눌러 탄창을 분리함과 동시에 왼손으로 탄창을 제거한다.

③ 왼손으로 가스활대를 후퇴시켜 약실을 검사한다. 사수는 불의의 격발을 방지하기 위하여 오른손 검지가 방아쇠에 닿지 않도록 주의해야 한다.

〈사진 14〉 K5 권총 약실검사[16)]

④ 가스활대를 전진시키고 안전장치를 '사격' 위치에 놓은 다음 방아쇠를 당겨 격발한다.

15) 김황호 · 손상철, 『경호사격론』 (진영사, 2009), p.87.
16) 김황호 · 손상철, 『경호사격론』 (진영사, 2009), p.87.

나. 분해결합

K5 권총의 분해결합은 보통 분해결합과 특별 분해결합으로 구분할 수 있는데 권총 사용자가 일반적인 관리 및 손질을 할 때 실시하는 것은 보통 분해결합이다. 아래의 사진과 같은 순서에 따라 부품별로 분해를 실시하되 세부

〈그림 48〉 K5 권총 보통 분해순서[17)]

① **가스활대멈치** ② **총몸뭉치** ③ **복좌용수철과 밀대** ④ **총열** ⑤ **가스활대뭉치**	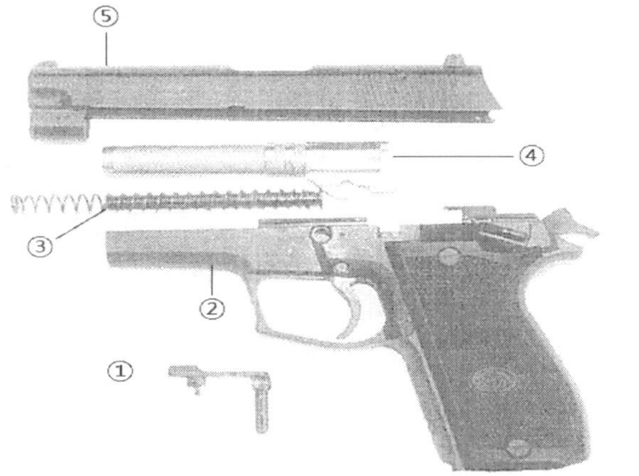

요령은 다음과 같다.

㉮ 공이치기를 후퇴시키고 안전장치를 '안전' 위치에 놓는다.

㉯ 오른손으로 총의 손잡이를 잡고 왼손으로 가스활대 홈이 가스활대멈치까지 오도록 후퇴시켜서 오른손 엄지로 총몸뭉치를, 나머지 손가락으로는 가스활대뭉치를 잡아 고정시킨다. 왼손 검지로 가스활대멈치를 밀어 좌측으로 빼낸다.

㉰ 가스활대멈치가 분리된 상태에서 가스활대뭉치를 앞으로 밀면 총몸뭉치와 가스활대뭉치가 분리된다.

㉱ 분리된 가스활대뭉치를 오른손으로 잡고 왼손의 검지는 총구를 잡으며, 왼손 엄지로 밀대를 총구방향으로 밀어 복좌용수철과 밀대를 분리한다.

㉲ 가스활대뭉치를 왼손으로 잡고 오른손으로 총열을 약간 든 다음 총구방향으로 밀면 가스활대뭉치에서 총열이 분리된다.

㉲ 총열을 분리하고 남은 것은 가스활대뭉치이며, 분해가 완료된 것이다.

결합은 분해의 역순으로 실시한다.

17) 김황호 · 손상철, 『경호사격론』(진영사, 2009), pp.91의 내용을 재구성.

〈영상 20〉 K5 권총 분해결합[18)]

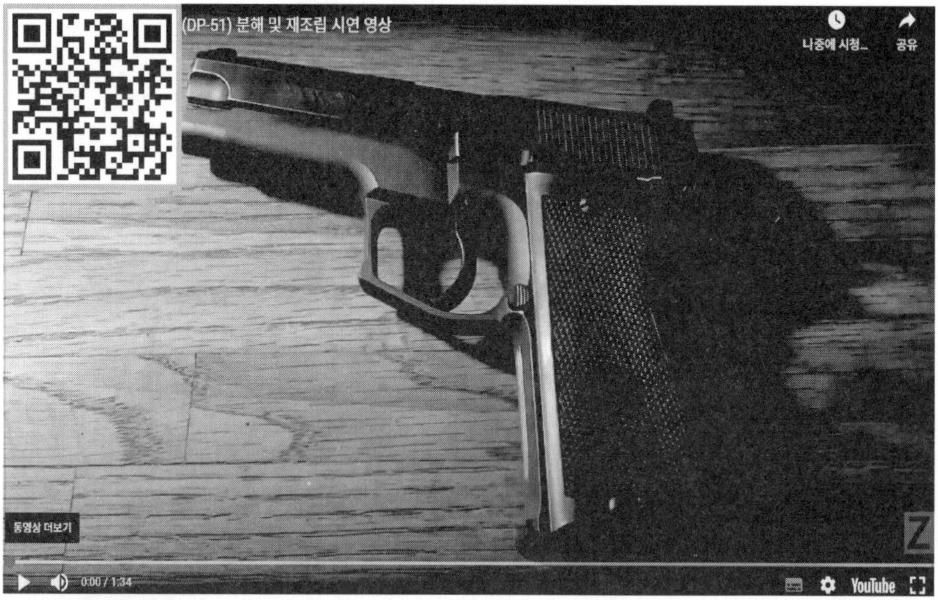

2. 조작 및 기능

가. 안전수칙 준수

총기를 다루는데 있어 필요한 안전수칙은 오발에 의한 인명사고를 방지하기 위해 반드시 준수되어야 한다. 가장 기본적이고 중요한 수칙으로 총구는 절대 사람을 향해서는 안 된다. 총구를 사람에게 향해도 괜찮은 경우는 상대를 쏠 의사가 있을 때뿐이다. 실탄이 없는 빈 총이거나 모의총기일 경우에도 마찬가지다. 또한 오발사고를 방지하기 위해 사격 직전까지 방아쇠에 손가락을 넣어서는 안 된다. 사격장에서는 물론이고 작전 중에 언제 적이 출현할지 모르는 상황에서조차 사격하는 순간까지 총구는 위나 아래로 향해야 하며, 검지는 곧게 펴서 총의 측면에 붙여야 한다.

18) https://youtu.be/6BeLbPTK6wo(검색일: 2025.7.26.)

〈그림 49〉 사격 직전까지 손가락의 위치[19)]

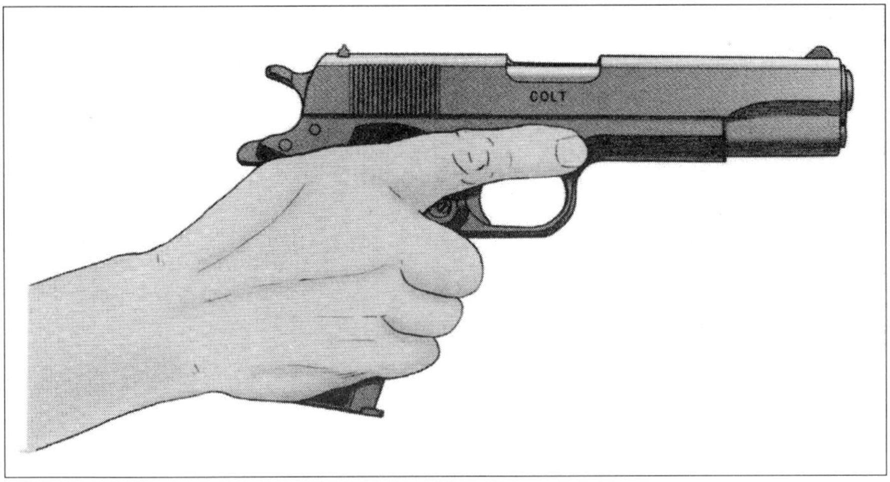

사격 전·후와 총기를 손질하기 전에는 불의의 사고를 방지하기 위해 반드시 가스활대를 개방하여 약실 내 탄환의 존재여부를 육안으로 확인하고 안전검사를 실시하여야 한다. 사격훈련 시에는 사격장 안전수칙을 준수하고 사격통제관과 통제요원의 지시에 절대 순응하여야 한다.

나. 실탄의 장전 및 발사

자동권총의 탄창(탄알집)은 탈부착형이 기본이다. 탄창 속에 실탄이 상하 일렬인 형태를 단열탄창(싱글칼럼 single column), 2열인 형태를 복열탄창(더블 칼럼 double column)이라고 한다. K5 권총은 단열탄창을 사용한다.

실탄의 장전을 위해서는 먼저 가스활대를 손으로 당기고 가스활대멈치를 이용하여 고정시킨 후 안전장치를 '안전' 위치에 둔다. 실탄이 들어있는 단열탄창을 탄알집꽂이에 '딱' 소리가 날 때까지 끼워 넣고, 가스활대멈치를 해제하여 가스활대를 전진시키면 약실에 실탄 1발이 장전된다. 안전장치를 '사격'에 위치시키고 방아쇠를 당기면 실탄이 발사되며, 이후부터는 앞에서 설명한 바와 같이 자동으로 장전되는 시스템이다. 세부요령은 아래의 그림과 같다.

19) 신찬 譯(가노 요시노리 著), 『권총의 과학』 (보누스, 2003), p.133.

〈그림 50〉 K5 권총의 실탄 장전 및 발사[20]

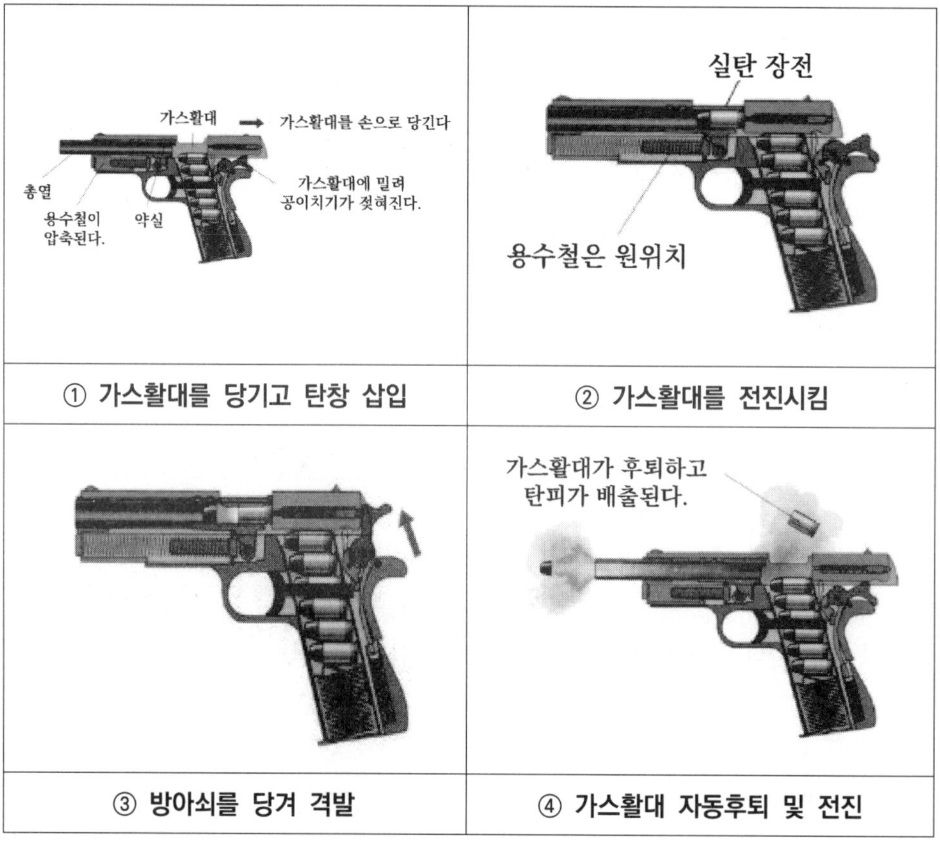

다. 사격의 종료 또는 중단

장전된 실탄을 모두 사격하고 나면 자동으로 가스활대멈치가 걸려 가스활대가 후퇴한 상태로 정지한다. 이 상태에서 탄알집멈치를 눌러 탄창(탄알집)을 빼더라도 가스활대는 후퇴상태다. 새로운 탄창을 끼워 넣고 가스활대멈치를 누르면 가스활대가 전진하고, 탄창에서 실탄이 약실로 장전돼 추가적인 발사를 위한 준비 완료상태가 된다.

실탄이 남은 상태에서 사격을 중단하고자 한다면 표적을 향한 총구를 그대로 두고 탄창을 떨어뜨리지 않도록 주의하며 뺀다. 사격을 중단할 때는 탄창을 제거해도 약실에 실탄이 남아있다는 것에 유의해야 한다. 이때 가스활대는 전진 상태이기 때문에 가스활대를 당겨서 약실에 남아있는 실탄을 제거하고, 가스활대를

20) 신찬 譯(가노 요시노리 著), 『권총의 과학』 (보누스, 2003), p.81 참조.

잡아당겨 후퇴시킨 후 가스활대멈치를 이용하여 고정한다.

〈그림 51〉 사격의 종료 및 중단[21)]

3. 총기 손질

총기를 항시 사용 가능한 상태로 관리하기 위해서는 사격 전 · 후 사용자에 의한 보통 분해결합과 손질이 필요하다. 총열 내부는 사격 전 이물질이 있는지 확인하고 필요시 손질하여야 하며, 사격 후에는 강중유와 솔을 이용하여 화약 잔여물을 세척한 후 마른 천으로 마무리하여야 한다. 가스활대는 강중유로 내면 청소 후 윤활유를 발라주어 전진과 후퇴를 용이하게 하고, 복좌용수철과 기타 부위는

21) 신찬 譯(가노 요시노리 著), 『권총의 과학』 (보누스, 2003), p.143, 145 참조.

솔과 천으로 먼지를 제거하고 마찰 부위는 윤활유를 발라준다.

총기 손질에 필요한 손질도구와 세부요령은 '제1장 제2절 소총의 조작 및 관리' 내용 참고.

제3절 K5 권총 사격술

1. 사격 자세

가. 권총 파지법

사격하기 전에 정확하게 권총을 파지하는 것은 매우 중요하다. 총기를 정확하게 파지하기 위해서는 엄지손가락에 의해 형성된 자연스런 V자 모양이 총열에 의해 양분되는데, 손은 손잡이 둘레를 편안하게 잡고 검지를 제외한 나머지 손가락은 손잡이를 감싸 쥐며, 손잡이의 아래쪽은 중지로 자연스럽게 쥔다.

1) 한 손 파지법

팔과 손을 곧게 펴고 엄지와 검지로 V자를 만들어 그사이에 권총을 끼운다. 나머지 손가락을 위와 같은 요령으로 쥐어서 팔과 총열이 일직선이 되게 한다. 방아쇠를 당기는 검지는 지문 중심이 방아쇠에 닿도록 하는데, 이때 검지의 다른 부위가 총에 닿지 않도록 주의해야 한다.

〈사진 15〉 한 손 파지 요령[22]

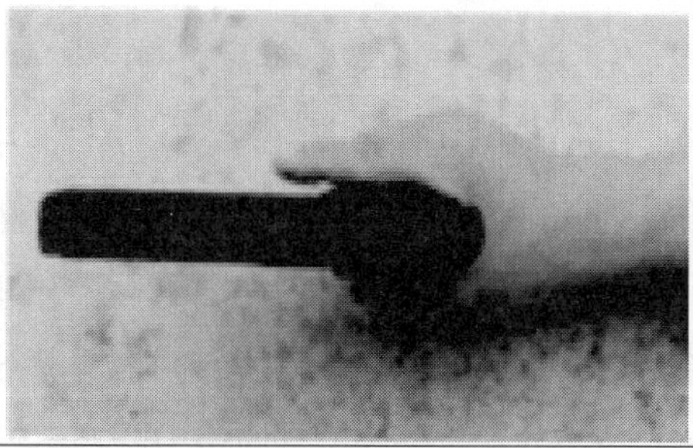

22) 신찬 譯(가노 요시노리 著), 『권총의 과학』(보누스, 2003), p.153 참조.

2) 양손 파지법

실전에서의 권총 파지는 주로 양손을 사용한다. 한 손 파지에 비해 훨씬 안정적이고 명중률이 향상된다. 양손으로 파지할 때는 오른손의 중지, 약지, 새끼손가락에 왼손의 엄지 이외의 네 손가락을 겹쳐서 총의 손잡이 왼쪽을 감싼다. 힘의 강도는 오른손4 : 왼손6 정도로 왼손을 더 세게 잡는다. 이는 방아쇠를 당기는 쪽 손의 근육에 가능한 한 긴장을 주지 않아야 검지를 정확하게 움직일 수 있기 때문이다.

한편 왼손바닥 위에 총의 손잡이를 올려놓거나 왼손으로 오른손목을 잡는 등의 자세는 안정적인 사격이 어려운 잘못된 자세이다.

〈사진 16〉 양손 파지 요령[23]

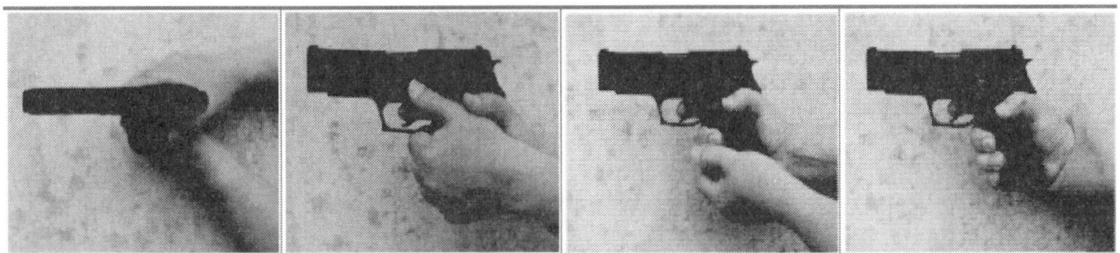

위에서 본 모습	옆에서 본 모습	잘못된 자세

나. 서서 쏴 자세

1) 포인트 숄더(올림픽 권총사격 경기 자세)

권총은 한 손으로 쏘도록 설계된 총이다 보니 올림픽 같은 권총사격 경기에서는 권총을 한 손에 들고 쏴야 하지만 실전사격에서는 거의 사용하지 않는 자세라고 할 수 있다.

총을 한 손에 들고 팔을 어깨높이로 곧게 뻗은 자세로 양다리는 어깨너비보다 조금 넓게 벌린다. 양다리의 중심점을 잇는 선이 위에서 봤을 때 조준선과 거의 일치하거나 조준선 오른쪽으로 10도 내외가 적당하다. 총을 든 오른팔은 일직선, 왼손은 허리를 잡거나 바지주머니에 넣는다.

23) 신찬 譯(가노 요시노리 著), 『권총의 과학』 (보누스, 2003), pp.154-155.

〈사진 17〉 포인트 숄더 자세[24)]

2) 위버 스탠스

1950년대 후반 미국 남부 캘리포니아에서 열린 자유형 권총경기에서 로스앤젤레스 카운티 보안관인 잭 위버(Jack Weaver)가 선보인 자세에서 유래되었다고 한다. 양다리를 어깨너비보다 다소 넓게 벌리는데 이때 양 발끝을 잇는 선은 조준선에 대해 약 45도의 각도를 유지한다. 총을 든 오른팔은 목표를 향해 똑바로 뻗고, 왼팔은 팔꿈치를 굽혀서 옆구리 쪽으로 오므린다. 체중은 대부분 앞발에 실리며, 앞 무릎은 약간 구부리고 뒷다리는 거의 곧게 뻗는다. 상체는 엉덩이에서 앞으로 기울여 어깨가 앞발을 향하도록 한다. 뒷발은 반동을 잡는데 도움을 주고 자세를 빠르게 바꿀 수 있도록 해준다.

이 자세는 안정적이면서 피격면적을 줄이고 왼쪽 모서리 엄폐사격시 유리하다는 장점이 있는 반면 이동을 전제로 하는 움직임 시 적합하지 않으며, 좌우로 넓게 포진되어 있는 복수의 표적을 제압하기에는 불편하다. 이러한 이유로 최근 전투사격술의 주류에서 제외되기는 했지만 장점도 있어서 상황에 따라 취해도 좋은 자세이다.

24) 황민국, "파리 올림픽을 흔든 김예지의 사격자세," 『경향신문』, 2024.8.1.

〈사진 18〉 위버 스탠스 사격자세[25)]

3) 이등변삼각형 자세

권총사격의 가장 기본적인 자세로 위에서 보면 몸의 정면과 양팔이 이등변삼각형을 이루며, 양다리는 어깨보다 다소 넓게 벌린다. 좌우에 있는 목표를 조준할 때는 팔을 움직이는 것이 아니라 상반신 전체를 움직여 조준한다. 양팔은 완전히 펴지 않고 팔꿈치를 다소 굽힌다. 팔을 완전히 펴면 발사 반동으로 총이 튈 때 큰 각도를 그리면서 다음 사격 시 다시 조준하는데 시간이 많이 걸리기 때문이다.

이 자세의 장점은 안정적인 사격이 가능하며, 방탄복 착용 시 방탄판을 적의 사격방향에 노출해 방어력과 전술적 안정감이 우수하지만, 양발이 고정되기 때문에 사격 중 기동이 어려운 단점이 있다. 하지만 급작스러운 상황에서 대다수는 이 자세를 많이 취하는데 심리적으로 정확한 사격을 하기 위해 가장 안정적인 자세를 취하려 하기 때문이다. 따라서 권총사격자세 훈련 시 반드시 기본적으로 숙달해야 하는 자세다.

25) 이태훈, "명중률을 높이는 권총사격자세," 『국방일보』, 2016.7.7.

〈사진 19〉 이등변삼각형 사격자세[26]

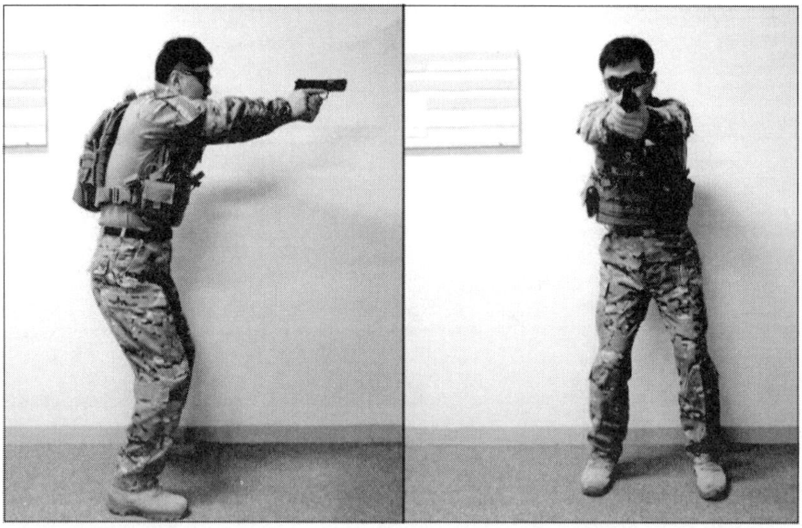

4) 변형 이등변삼각형 자세

기동과 신속한 사격이 필요한 근접전투 상황에 매우 적합한 사격자세로 현재 세계 많은 전술사격 교관과 전투원들이 취하는 자세이다. 상체는 전방으로 숙이고 다리는 어깨너비보다 약간 넓게 벌리며, 양발은 살짝 오른쪽으로 튼 상태에서 뒷발은 옆으로 벌린 다리 간격의 절반 정도 앞발 뒤에 있도록 한다. 양발의 좌우 간격과 무릎 구부림은 기동사격이나 방향 전환 시 조절을 쉽도록 하며, 상체는 웅크린 자세를 유지하여 적의 사격으로부터 피격면적을 최소화시킨다. 이 자세는 앞서 언급한 사격자세들의 단점을 최대한 보완하여 근접전투에서 효율적인 전투가 가능하게 하는 자세이다.

26) 이태훈, 앞의 기사.

〈사진 20〉 변형 이등변삼각형 사격자세[27)]

다. 무릎 쏴 자세

무릎 쏴 자세는 안정적인 사격이 가능한 자세로 낮은 무릎 쏴, 높은 무릎 쏴, 그리고 이등변삼각형 무릎 쏴 자세로 나눌 수 있다. 낮은 무릎 쏴 자세는 소총사격의 무릎 쏴 자세와 마찬가지로 왼쪽 무릎을 세우고, 오른 쪽 무릎을 지면에 붙여 오른쪽 발뒤꿈치에 엉덩이를 올리는 자세다. 총을 위버 스탠스처럼 잡고 왼쪽 팔꿈치를 왼쪽 무릎 위에 올린다. 이 자세는 표적이 멀거나 정밀사격이 필요할 때 추천할 만한 자세이나 근거리에서 복수의 표적이나 이동하는 표적을 사격하기에는 적합하지 않다.

높은 무릎 쏴 자세는 왼쪽 무릎을 세우고 엉덩이를 오른발에 붙이지 않는다. 이등변삼각형 무릎 쏴 자세는 이등변삼각형 자세에서 무릎을 꿇은 자세로 안정성은 떨어지나 다른 자세보다 총구 방향을 자유롭게 움직일 수 있다.

27) 이태훈, 앞의 기사.

〈그림 52〉 무릎 쏴 사격자세[28)]

낮은 무릎 쏴	높은 무릎 쏴	이등변삼각형 무릎 쏴

라. 엎드려 쏴 자세 및 지근거리 사격자세

엎드려 쏴 자세는 지면에 엎드린 채 사격을 하는 자세로 상대방의 공격을 최소화할 수 있다. 그러나 좌우로 총을 조준하는 유연성이 떨어지고, 소총사격과 달리 정밀도가 우수하다고도 할 수 없다. 엎드려 쏴 자세는 조준선과 몸의 축선이 일직선인 자세와 조준선과 몸의 축선에 각도를 주는 자세가 있다. 적의 공격 범위를 최소화하려면 일직선이 좋지만, 엄폐물을 이용할 수 있다면 각도를 주는 편이 유리하다.

〈그림 53〉 엎드려 쏴 사격자세[29)]

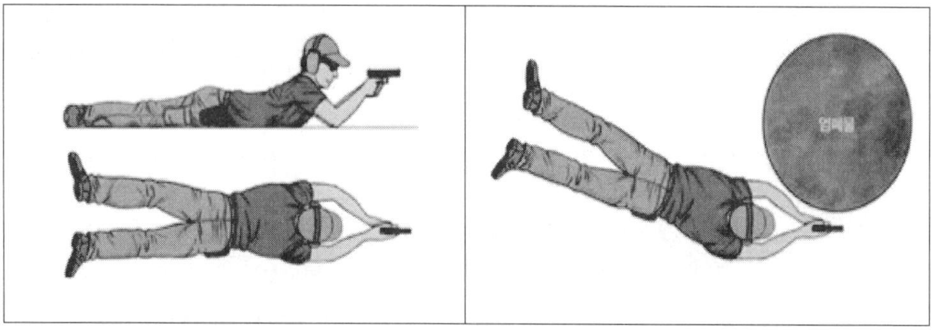

지근거리 사격자세(일명 크라우칭 crouching)는 몇 미터 안되는 매우 가까운 거리에서 갑자기 적과 조우했을 때 조준할 틈도 없이 권총을 꺼내 그대로 허리 높이에서 등을 고양이처럼 웅크려서 발사하는 자세다. 먼저 총을 든 오른손의 팔

28) 신찬 譯(가노 요시노리 著), 『권총의 과학』 (보누스, 2003), pp.164-165.
29) 신찬 譯(가노 요시노리 著), 『권총의 과학』 (보누스, 2003), p.167.

꿈치를 몸의 우측면에 붙인다. 두 다리는 기본적으로 어깨보다 조금 벌리고 발끝을 잇는 선은 총의 축선과 직각이 되게 한다. 보행 중 갑자기 사격을 해야 하는 자세이므로 발끝 각도와 두 다리의 넓이는 상황에 따라 다르다.

〈그림 54〉 지근거리 사격자세[30)]

2. 조준, 호흡 및 격발

가. 조준의 개념

올바른 자세와 파지를 하였다면 권총을 들었을 때 거의 정확하게 목표를 겨누게 되는데 이를 조준이라고 한다. 조준은 소총과 마찬가지로 조준선정렬 후 표적정렬, 그리고 정조준으로 진행한다. 조준선정렬은 권총 가늠쇠의 선단과 가늠자의 선단을 일치시키는 것이며, 표적정렬은 가늠쇠의 선단과 표적의 중앙에 일치시키는 것이다. 조준선정렬과 표적정렬이 이루어지고 나면 정조준 상태가 된다.

정조준이 이루어졌을 때 가늠자와 가늠쇠가 선명하게 보이고 표적은 희미하게 보이는 것이 정상이다. 이때 표적을 정확히 보려고 눈의 초점이 표적에 빼앗기게 되면 조준선정렬이 흐트러져 정확한 사격을 할 수 없게 된다.

30) 신찬 譯(가노 요시노리 著), 『권총의 과학』 (보누스, 2003), p.166.

〈그림 55〉 조준의 개념[31]

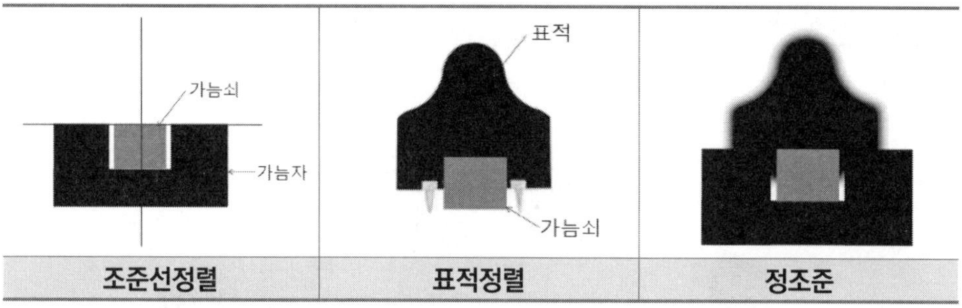

나. 탄도학적 특성을 고려한 조준방법

총기에서 발사된 탄환은 총구를 벗어나는 순간부터 직선으로 뻗어나가는 것이 아니라 중력의 영향으로 인해 점차 하강하게 된다. 지근거리의 표적이라면 모를까 그렇지 않다면 탄착점이 매우 낮게 형성되어 표적을 명중시키는 것이 불가능하게 된다. 이러한 이유로 모든 총기는 가늠자와 가늠쇠의 높이에 약간의 차이를 두어 조준선정렬 시 총구가 상향으로 미세하게 들리도록 설계되어 있으며, 따라서 탄도는 초기에는 상승하다가 일정거리 이후부터 하강하는 포물선을 그리게 된다. 필연적으로 조준선과 탄도 사이에는 일정한 편차가 발생하게 되므로 이러한 특성을 이해하고 사거리별 적절한 조준점을 설정해야 한다.

K5 권총에 사용되는 9mm탄약의 탄도곡선은 〈그림 56〉과 같다. 만약 25m 사거리에서 사격을 한다면 25m 권총탄 표적지의 원형 흑점 하단에 정조준할 때 흑점 중앙에 맞아야 한다. 이때 흑점의 직경은 14.07cm로 흑점의 하단까지는 원의 중심(표적의 중심)에서 약 7cm가 된다.

31) 필자 정리(2025.7.25.)

〈그림 56〉 9mm권총탄 탄도곡선[32)]

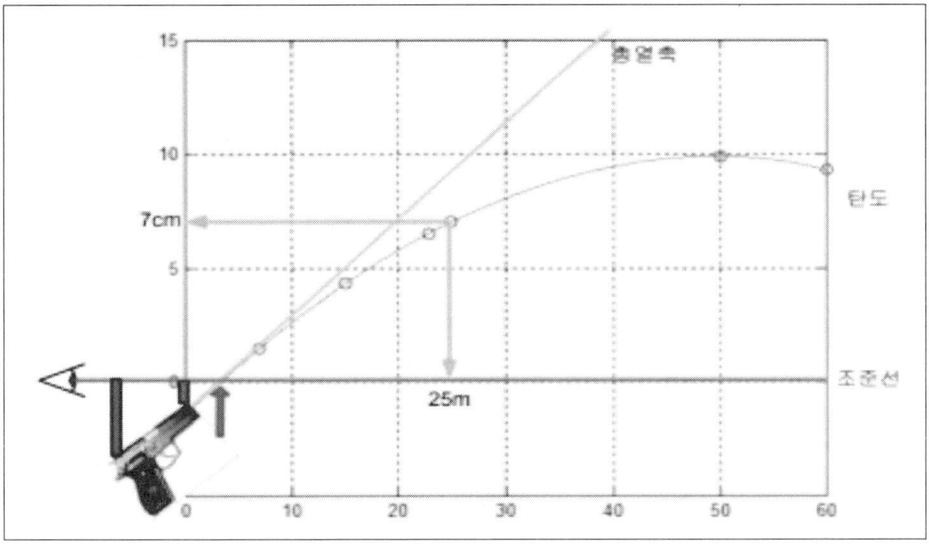

거리(m)	0	7	15	22.86	25	50	60
고도(cm)	−1.44	1.45	4.3	6.5	7.0	9.9	9.3

그리고 25m 권총사격 표적지의 흑점 크기는 〈그림 57〉에서 보는 바와 같이 약 14.07cm이고 흑점 중앙으로부터 흑점 하단까지는 약 7cm가 된다. 따라서 조준선정렬을 마치고 정조준시 표적의 중앙을 명중시키기 위해서는 가늠쇠 상단에 표적 흑점의 중앙 하단을 올려놓아야 한다.

32) 여운주·이준호·최의중, “총기 경사도에 따른 명중률 변화에 대한 연구,” 『한국군사과학기술학회』(제14권 제2호, 2011), p.169.

〈그림 57〉 25m 표적지 흑점 및 정조준[33)]

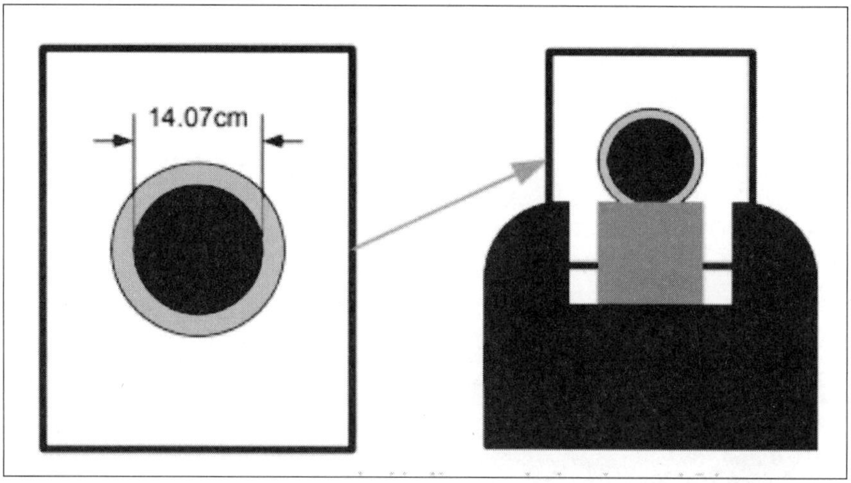

다. 호흡 및 격발

K5 권총 사격을 위한 호흡 및 격발 요령은 제3장 제3절의 소총사격과 동일하다. 다만, 권총은 소총과 달리 개머리판으로 어깨 견착할 수 없다는 점에서 호흡에 의한 유동이 상대적으로 크게 작용할 수 있다. 그리고 격발의 경우에도 방아쇠를 당길 때 손가락 힘의 작용으로 정조준한 조준점이 흐트러질 확률이 높아진다는 점을 고려하여야 한다. 따라서 권총 사격으로 표적을 제압하기 위해서는 평소 더 많은 호흡과 격발 훈련이 필요하다.

3. 탄착군 형성 및 영점 획득

K1, K2 소총의 경우 탄착군을 분석하고 가늠자를 상하좌우로 조절하여 영점을 획득하지만, K5 권총은 가늠자와 가늠쇠가 고정되어 있어 조절 기능이 없다. 따라서 연습사격을 통해 탄착군을 형성하고 고벽을 수정하여 분석한 다음, 교정된 탄착군에 따라 사수가 조준점을 상하좌우로 수동 조정함으로써 영점을 맞추어야 한다.

33) 여운주 · 이준호 · 최의중, "총기 경사도에 따른 명중률 변화에 대한 연구," 『한국군사과학기술학회』 (제14권 제2호, 2011), p.168.

〈표 17〉 탄착군 유형과 교정[34)]

유형	원인	교정방법
분산된 탄착점	폭발음과 총의 반동을 의식하여 격 발 순간 눈을 감고 손과 팔에 힘을 주면서 급작 격발	반복된 공 격발훈련과 실탄사격을 통해 총소리와 반동에 적응
상탄 (12시방향)	· 가늠쇠를 가늠자의 수평보다 높게 하여 가늠쇠만 보고 사격 · 격발 시 검지가 방아쇠 아래 홈 부분으로 밀리는 경우 · 손목에 힘을 과도하게 가한 경우 · 반동을 의식해 격발 순간 미리 총구가 약간 올라간 경우 · 격발과 동시에 고개가 숙여진 경우 · 격발 시 몸통 전체가 뒤로 기울어지는 경우	격발 시 조준선의 수평을 최우선으로 보면서 격발 순간 손과 팔을 움직이지 않고 검지만으로 격발
하탄 (6시 방향)	· 조준선정렬의 좌우간격은 맞으나 가늠 쇠가 수평보다 낮은 경우 · 방아쇠를 성급하게 한 번에 잡아채는 경우 · 격발하는 순간 오른손에 힘이 들어가 총구가 아래로 떨어짐	격발 시 조준선의 수평을 최우선으로 보면서 방아쇠를 서서히 똑같은 압력으로 당겨주어 격발
우탄	· 직후방 격발이 제대로 안 되어 총구가 우측으로 당겨진 경우 · 가늠쇠가 가늠자 수평보다 높고 우측 간격이 좁은 경우(우상탄) · 가늠자와 가늠쇠의 수평은 맞으나 우측 간격이 좁은 경우(우탄) · 가늠쇠가 가늠자 수평보다 낮고 우측 간격이 좁은 경우(우하탄)	가늠자와 가늠쇠의 수평을 유지하면서 우측 간격이 좁아지지 않도록 유의하고, 격발 시 검지 중앙으로 직후방 격발
좌탄	· 검지가 방아쇠에 깊숙이 들어가 총구가 좌측으로 치우진 경우 · 가늠쇠가 가늠자 수평보다 높고 좌측 간격이 좁은 경우(좌상탄) · 가늠자와 가늠쇠의 수평은 맞으나 좌측 간격이 좁은 경우(좌탄) · 가늠쇠가 가늠자 수평보다 낮고 좌측 간격이 좁은 경우(좌하탄)	가늠자와 가늠쇠의 수평을 유지하면서 좌측 간격이 좁아지지 않도록 유의하고, 격발 시 검지 중앙으로 직후방 격발

34) 김황호※손상철, 『경호사격론』 (진영사, 2009), pp. 184-192를 참조 재구성.

다만, 권총탄의 탄도곡선을 활용하여 영점을 획득하는 것이 효율적이다. 예를 들어 25m 사거리에 표적을 설치하고 영점을 획득할 경우 조준점보다 7cm 정도 상단에 탄착하는 원리를 적용한다면 영점표적지의 중심이 흑점의 하단으로부터 7cm 상단에 위치하는 것을 사용하는 것이 가장 적합하다. 왜냐하면 정조준으로 가늠쇠 상단에 흑점을 올려놓고 사격을 하면 이론적으로 정조준이 된 상태에서 호흡, 격발 등 다른 요소들이 완벽하다면 표적의 중심에 탄착이 형성되기 때문이다.

4. 기록사격

〈사진 21〉 권총 표적지[35]

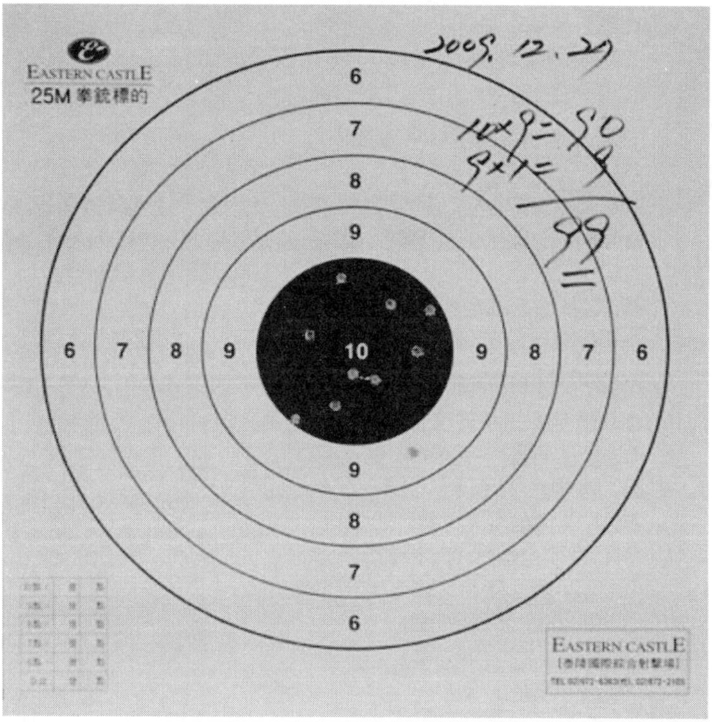

K5 권총의 유효사거리는 50m이며, 기록사격은 25m 사거리에서 실시한다. 50m 이상의 표적을 제압하기 위해 권총을 사격하는 경우는 드물다. 실제 전장에서도 사거리가 먼 경우는 소총으로 사격하기 때문이다.

35) https://cafe.naver.com/common/storyphoto/viewer.html?src=https%3A%2F%2 Fcafeptthumb-phinf.pstatic.net%2F20091227_195%2Fmr_baseball_126190106454 9siHu2_jpg%2F2_mr_baseball.jpg%3Ftype%3Dw1600(검색일: 2025.7.31.)

대부분의 야전부대 대대급 이상은 소총사격을 위한 25m 사거리의 영점사격장을 보유하고 있다. 여기에서 권총사격을 병행하는 것으로 이해하면 된다. 물론 권총표적지는 소총표적지와 차이가 있다. 원형의 동심원으로 표적지가 그려져 있다. 그리고 15발이 들어가는 탄창에 10발씩 2탄창을 지급받아 10발은 연습사격, 10발은 기록사격으로 측정을 하게 된다. 흑점 안에 명중할 경우 10점 만점이고 전체 만점은 100점이므로 점수를 계산하기 쉽다.

육군의 경우 연대본부 이상에서는 권총을 사용하는 간부들이 상당수가 되기 때문에 경연대회 형식으로 기록사격 점수를 가지고 등수를 정하여 시상을 하는 등 동기부여를 하기도 한다. 표적 설치는 소총용 F표적 위에 권총 전용 표적지를 붙여서 사용한다.

참고문헌

강민완 · 전용태 · 염관우 · 홍용식. 『경호사격과 권총』. 진영사, 2009.

김정기. 『실전 전투사격술 향상방안』. 육군사관학교 군사학처, 2004.

김황호 · 손상철. 『경호사격론』. 진영사, 2009.

남기봉 · 김용현 · 김성우. 『알기쉬운 무기체계』. 진영사, 2017.

대한민국 육군. 『K1·K2·K2C1』. 2022.

박동찬. 『6·25전쟁 주요무기 I』. 국방부 군사편찬연구소, 2021.

박춘배 편저. 『군사학(下)』. 법률시대, 2003.

신찬 譯(가노 요시노리 著), 『권총의 과학』. 보누스, 2003.

육군교육사령부. 『국가와 안보 II』. 2023.

육군본부. 『병기본』. 2011.

이덕권 편저. 『소총 사격술과 심리 제1권 심리』. 퍼플, 2017.

이덕권 편저. 『소총 사격술과 심리 제2권 사격술』. 퍼플, 2017.

한용원. 『창군』. 박영사, 1984.

홍희범 역. 『미 육군 소총사격교범』. 호비스트, 2016.

上田 信, *COMBAT BIBLE.* 호비스트, 1993.

Jill Bolte Taylor. *Whole Brain Living.* Hay House Inc., 2021.

강형철. “사격술 향상을 위한 심리중재 연구동향 분석.” 『코칭능력개발지』 제24권 제3호2022), pp. 53-62.

김병현 · 김종식 · 원윤경 · 황재욱. “사격 국가대표 선수의 표상화와 반사적 슈팅 훈련의 효과 및 평가.” 『한국사회체육학회지』 제64호(2016), pp. 843-855.

여운주 · 이준호 · 최의중. “총기 경사도에 따른 명중률 변화에 대한 연구.” 『한국군사과학기술학회지』 제14권 제2호(2011), pp.167-172.

오장길※김종헌. “뇌파를 활용한 BCI기술의 대한민국 군 적용 연구: 개인화기 사격술을 중심으로.” 『선진국방연구』 제5권 제1호(2022), pp. 35-48.

이현엽 · 현승주 · 이상규 · 이병학. “성격과 효능감이 사격술에 미치는 영향: 메타버스 기반 영점 사격 및 실탄 사격을 중심으로.” 『한국콘텐츠학회논문지』 제23권 제12호(2023), pp. 517-529.

황수영 · 박지혜. “사격선수의 사격기술과 체력적 요소에 대한 서술적 고찰.” 『스포츠 사이언스』 제41권 제2호(2023), pp. 217-228.

『경향신문』.

『국방일보』.

http://www.gobalnews.com/news/articleView.html?idxno=23296

https://blog.naver.com/bowhunter/130159495347

https://blog.naver.com/caachew/221558693588

https://blog.naver.com/fitnessplanb02/222614452802

https://blog.naver.com/gksaowglfgks/223915356478

https://blog.naver.com/hwataiy/40043513667

https://blog.naver.com/inanstarbusandae/223190100793

https://blog.naver.com/leehojun1219/221343903098

https://blog.naver.com/mc341/221340953438

https://blog.naver.com/mc341/222117005040

https://blog.naver.com/mc341/223157646854

https://blog.naver.com/n_young037/223643955681

https://blog.naver.com/nxa912/220281021342

https://blog.naver.com/otk1s39pt2/223911652368

https://blog.naver.com/polarbear545/222153684281?photoView=0
https://blog.naver.com/rrclootire51815/223930758945
https://blog.naver.com/sapper9/221992933575
https://blog.naver.com/sarsari/223227739954
https://blog.naver.com/seobee1204/220730024392
https://blog.naver.com/seobee1204/220798731422
https://blog.naver.com/tajoo3787/222495460975
https://blog.naver.com/teacherl22/223489008007
https://blog.naver.com/yanagi0221/30163076918
https://brunch.co.kr/@chomskysays/3
https://cafe.naver.com/common/storyphoto/viewer.html?src=https%3A%2F%2Fca feptthumb-phinf.pstatic.net%2F20091227_195%2Fmr_baseball_1261901064549siHu2_jpg%2F2_mr_baseball.jpg%3Ftype%3Dw1600
https://cafe.naver.com/nuke928/118470?art
https://en.wikipedia.org/wiki/Carbine
https://kin.naver.com/qna/detail.naver?
https://kin.naver.com/qna/detail.naver?d1id=6
https://ko.dict.naver.com
https://ko.wikipedia.org/wiki/K2_소총
https://ko.wikipedia.org/wiki/K5_권총, 콜트_M1911
https://ko.wikipedia.org/wiki/M16_소총
https://ko.wikipedia.org/wiki/간상세포
https://ko.wikipedia.org/wiki/원추세포
https://ko.wikipedia.org/wiki/원추세포·간상세포
https://ko.wikipedia.org/wiki/주변시
https://kookbang.dema.mil.kr/news
https://librewiki.net/wiki/PVS-11K
https://librewiki.net/wiki/동심원_이론
https://m.ktv.go.kr/program/again/view?content_id=558931

https://m.sports.naver.com/general/article/005/0000520020
https://n.news.naver.com/mnews/article/001/0006776351
https://n.news.naver.com/mnews/article/001/0007606295
https://namu.wiki/w/K2소총
https://namu.wiki/w/M16A1
https://namu.wiki/w/개머리판
https://namu.wiki/w/직접%20타도%20거리
https://search.naver.com/search.naver?ssc
https://www.agirlandagun.org/trigger-talk-stages-of-a-trigger-press/
https://www.a-ha.io/questions/47b0f5c23627b3d0a55c6738458202c4
https://www.doopedia.co.kr/photobox/comm/community.do?
https://www.fmkorea.com/6051088738
https://www.khan.co.kr/article/201610122136001
https://www.newdaily.co.kr/site/data/html/2013/06/11/2013061100044.html
https://www.nrablog.com/articles/2016/4/4-common-shooting-mistakes-and-how-to-correct-them/
https://www.youtube.com/shorts/0U1y7R_hM0c
https://www.youtube.com/shorts/2w4ztYo5XcA
https://www.youtube.com/shorts/GzlsgaENKpY
https://www.youtube.com/watch?v=_-HmYEbimdU&t=133s
https://www.youtube.com/watch?v=03PBoSCztDo&t=257s
https://www.youtube.com/watch?v=cUPEfqbVzLY
https://www.youtube.com/watch?v=dGeSX5TSX2c
https://www.youtube.com/watch?v=EHq0Ol4AcGU
https://www.youtube.com/watch?v=fj_LFoVJ06Q&t=61s
https://www.youtube.com/watch?v=jjEHKJP0Zpw&t=237s
https://www.youtube.com/watch?v=j-pyMzPG4p0
https://www.youtube.com/watch?v=nxqla_TSEU8

https://www.youtube.com/watch?v=o6kXqEwPRIc
https://www.youtube.com/watch?v=qkVUQSHoo8Y
https://www.youtube.com/watch?v=rzdgv4aRCk4
https://www.youtube.com/watch?v=thFbWRfXZnE
https://www.youtube.com/watch?v=Yi7S6OPZ0Tw
https://www.youtube.com/watch?v=YoNDwx2ya6I&t=41s
https://www.youtube.com/watch?v=-yRjwdF8I0c
https://youtu.be/2q6C_-T64fw
https://youtu.be/6BeLbPTK6wo

저자 소개

김정기

- 현) 연성대학교 국방군사학과 교수(학과장)
- 현) 한국군사학회 이사
- 육군사관학교 47기 졸업
- 연세대학교 정치학석사
- 경남대학교 정치학박사

유대원

- 현) 연성대학교 국방군사학과 겸임교수
- 현) 국방군사번역연구소 소장
- 전) 정보사령부 처장(예. 대령)
- 육군사관학교 49기 졸업
- 국방대학교 국제관계학석사